TRANSPARENZ SCHNITT

DOMINIQUE
COUSIN

PLANTVS

LICHT | RAUM | STRUKTUR
GEHÖLZE VERSTEHEN – GARTENRÄUME GESTALTEN

Transparenzschnitt

Dominique Cousin
Fotos: Franck Boucourt

Inhalt

Transparenzschnitt für die wichtigsten Gehölze

Über die Kunst, Gehölze zu schneiden

Die Technik des Transparenzschnitts wurde über viele Jahre von Prinzessin Greta Sturdza entwickelt und in ihrem Garten Le Vasterival in Sainte-Marguerite-sur-Mer bei Dieppe in der Haute-Normandie perfektioniert. Sie beobachtete, dass alte Bäume in der Natur im Laufe der Zeit von selbst auslichten, indem sie ihre inneren Äste verlieren. Dadurch wird die Krone »durchsichtiger« – transparenter –, lässt mehr Sonnenlicht und Regenwasser hindurch und ermöglicht das Pflanzen oder die Ansiedlung einereiner vielfältigen Bodenflora unter den Gehölzen.

Bei Ziergehölze angewendet macht diese Schnittmethode die Pflanzen nicht nur eleganter, sondern auch vitaler: Die Blüte wird reicher, das Laub farbintensiver, Rindenstrukturen und Kronenaufbau kommen deutlich besser zur Geltung – und all dies bei besonderer Wahrung der natürlichen Form und des Wuchses jedes einzelnen Exemplars.

Mit dieser Schnittweise erübrigt sich das Kappen oder Verstümmeln von Bäumen, um sie in ihrer Größe zu begrenzen. Durch das Auslichten entfallen die typischen Nachteile dichter Kronen: Der Schatten wird nicht mehr schwer und drückend, sondern hell und freundlich; Wind kann durch das Geäst streichen, ohne zu zerstören; Regen gelangt bis zum Boden, wo nun zahlreiche Sträucher, Stauden oder Bodendecker wachsen können. So entstehen an einem Ort mehrere Ebenen (Layer) – ein großer Vorteil besonders in Pflanzensammlungen oder Gärten leidenschaftlicher Pflanzenliebhaber, die schwer zu pflegen werden, sobald Gehölze an Volumen gewinnen. In gewisser Weise erhält man damit »das Beste aus beiden Welten«: zahlreiche Pflanzen auf engem Raum, ohne dass sie sich gegenseitig bedrängen.

Wird das Prinzip der »Transparenz« auf einen ganzen Garten angewendet, entsteht zugleich ein neues gestalterisches Konzept: Der Blick wird weitergeführt, man ahnt, dass sich hinter einem großen Strauch noch etwas verbirgt. So verschwindet der Eindruck von Enge und Schwere, der in kleinen, dicht bepflanzten Gärten – besonders mit immergrünen Arten – oft entsteht. Der Transparenzschnitt ist daher besonders wertvoll für Stadtgärten, wo Licht ein entscheidender, häufig knapp bemessener Faktor ist – noch bevor überhaupt Bäume oder Sträucher gepflanzt werden.

Schon bevor Dominique Cousin Teil des Gärtnerteams von Le Vasterival wurde, praktizierte er bereits Auslichtungsschnitte und vermied es, Bäume zu kappen oder zu fällen, wenn es nicht unbedingt nötig war. Heute beherrscht er die Anwendung des Transparenzschnitts bei allen Pflanzentypen – auch bei solchen, die man üblicherweise nicht schneidet, etwa Magnolien, Japan-Ahornen, Rhododendron oder Kamelien.

Die Beispiele zeigen exemplarische Fälle, anhand derer man die einfachen Grundprinzipien dieser faszinierenden Schnitttechnik verstehen und ebenso eindrucksvolle Ergebnisse erzielen kann wie im Vasterival, wo Besucher die Wirkung dieser Arbeit das ganze Jahr über bewundern können.

Der Fotograf Franck Boucourt begleitete die Schnittarbeiten im Vasterival über ein ganzes Jahr hinweg und dokumentierte sie in ebenso präzisen wie ästhetischen Bildern. Die Gegenüberstellungen vor und nach dem Schnitt verdeutlichen eindrucksvoll die sichtbare Verbesserung der Pflanzen.

Einfach und wirkungsvoll zugleich bietet der Transparenzschnitt neue, zugleich praktische und elegante Lösungen – zum Nutzen der Pflanzen wie des gesamten Gartens. An die Scheren – fertig, los!

Didier Willery

Durchblicke schaffen

Die »ästhetische« Anwendung
des Transparenzschnitts zielt darauf, Barrieren zu mildern. Bäume und große Sträucher wirken nach dem Auslichten leichter und luftiger; der Blick kann durch die Pflanze hindurch wandern. Man wird animiert, tiefer die Pflanzung einzudringen – so werden Farb- und Formbezüge sichtbar, die man ohne Perspektivwechsel nicht erkennen würde.

Prinzipien und Vorteile

Raum für Begleitpflanzen

Durch den Transparenzschnitt
gelangen Licht und Regenwasser wieder bis zum Boden unter den geöffneten Gehölzen. So können sich unter den Gehölzen Sträucher, Stauden und Bodendecker viel besser entwickeln. Auf derselben Fläche können zudem mehr Pflanzen wachsen. Die Möglichkeiten, Wuchsformen und Farben zu kombinieren, vervielfachen sich.

Licht durchlassen

Bäume spenden Schatten –
mitunter aber auch zu viel. Oft genügt es, totes Holz zu entfernen, was für spürbar mehr Helligkeit im Garten sorgen kann. Werden zusätzlich einige feine Innenzweige entnommen, entsteht ein freundlicher, einladender und lichter Schatten.

Kronen auslichten

Immergrüne Gehölze

Der Transparenzschnitt nimmt die dichte, dunkle Anmutung. So bleibt das immergrüne Laub als ruhiger Hintergrund erhalten. Ein Ilex wird vom massiven Block zum leichten, durchlässigen Vorhang. Zuvor ungenutzte Flächen werden bepflanzbar.

Blühende Gehölze

Wenn totes Holz und überzählige Äste entfernt werden, bündelt sich die Blüte und wird deutlicher sichtbar. Gleichzeitig kommt der natürliche Wuchs zur Blütezeit besser zur Geltung.

Großbäume

Durch Auslichten der Krone treten die Leitäste klar hervor.
Selbst gewöhnliche Arten wirken prägnanter. Die Belaubung bildet eine schützende Wölbung, während ein starker Rückschnitt die Silhouette zerstören und massenhaft Neuaustriebe fördern würde. Großgehölze müssen etappenweise geöffnet und die Reaktionen auf die Schnittmaßnahmen immer wieder überprüft werden – ein Endergebnis ist nach dem ersten Eingriff nicht das Ziel.

Werkzeuge und ihre Pflege

Regelmäßig schärfen

Ein sauberer, glatter Schnitt
verheilt deutlich schneller als eine raue, unregelmäßige Schnittwunde. Der Schnitt ist für Pflanzen ein echter »Eingriff« – daher sollte er so wenig verletzend wie möglich ausfallen.

Ab und zu ölen

Nichts ist lästiger
als eine quietschende Schere – das Geräusch verrät Reibung, die das Schneiden erschwert und bei vielen Schnitten Hand und Arm zusätzlich ermüdet. Ein kleiner Tropfen Öl schafft Abhilfe.

Häufig desinfizieren

Beim Transparenzschnitt
entfernt man zunächst totes, beschädigtes oder krankes Holz. Dadurch werden die Werkzeuge zu Keimträgern. Die Erreger können so leicht auf noch gesunde Pflanzen (-teile) übertragen werden. Idealerweise werden die Werkzeuge zwischen jedem Baum mit 90 % Alkohol besprüht und so desinfiziert.

Schnittfehler vermeiden

Der typische Fall:

Ein Seitenast
am Stamm oder an einem starken Ast, der entfernt werden soll. Am Ansatz ist der Stamm unterhalb der Astbasis deutlich stärker als oberhalb.

Richtig
Der Ast wird rechtwinklig zur Astrichtung entfernt – entlang des Astrings, der die Wunde später überwallen wird. Die Wulst gleicht sich rasch aus, je weiter der Stamm im Umfang zunimmt.

Falsch
Aststummel (»Kleiderhaken«) dürfen nicht stehen bleiben. Das verzögert oder verhindert die Überwallung; die Schnittstelle bleibt zu lange offen und wird zur Eintrittspforte für Schädlinge und Krankheiten.

Falsch
Wenn bündig am Stamm geschnitten wird, entstehen große Wunden, die durch den fehlenden Astring schlecht heilen und sogar den Saftstrom zu den oberen Ästen beeinträchtigen.

Ein gut gesetzter Schnitt:

Ein gut gesetzter Schnitt
zeigt eine kreisrunde Schnittfläche. Dieser hier wurde etwa drei Monate vor der Aufnahme ausgeführt; man sieht bereits, wie der neue Wundkallus die Wunde rundum gleichmäßig schließt.

Bei genauem Hinsehen
lassen sich noch zwei alte Schnittstellen erahnen – unten links und oben rechts. Anderthalb Jahre nach dem Schnitt sind sie vollständig überwallt. Die Vitalität des Baums ist nicht beeinträchtigt.

Falsch
An dieser Spitze einer geköpften Pappel erkennt man, dass der Baum zwar überwallt und neue Äste gebildet hat, das Kernholz jedoch fault – der Baum wurde erheblich geschwächt. Der linken Ast entstand aus einer oberflächlichen schlafenden Knospe nach dem Schnitt, und hat keine Anbindung an den Stamm – was die Bruchgefahr enorm erhöht. Der rechte Ast ist dagegen tief im Holz verankert und deutlich tragfähiger.

Die richtigen Handgriffe

Entfernen Sie systematisch alle vertrockneten, kranken oder abgestorbenen Teile. Schneiden Sie diese nicht an einer beliebiger Stelle ab, sondern stets am Ansatz eines gesünderen Astes und/oder an einer Stelle, die einen jungen Trieb trägt, der das entfernte Teil ersetzen kann – also abgeleitet wird.

Entfernen Sie kleine Zweige, also alle Äste, die deutlich dünner sind als jene, an denen sie entspringen. Sie haben in der Regel keine »Zukunft« und werden in den kommenden Wochen oder Monaten ohnehin absterben. Durch das Schneiden nimmt man ihr Absterben lediglich vorweg, und sorgt für etwas mehr Licht und etwas zusätzliche Nährstoffe für die Äste, die erhalten bleiben.

Beseitigen Sie so schnell wie möglich Ausläufer und andere kräftige Triebe, die nach starken Schnitten unweigerlich entstehen. Die ganze Kunst des Transparenzschnitts besteht darin, gerade so viel zu entfernen, dass die übermäßige Bildung von Ausläufern vermieden wird, die für zu starke Schnitte charakteristisch ist.

Stockschnitt und Wundbehandlung

Die Verjüngung eines Strauchs besteht manchmal einfach darin, ihn auf den Stock zu setzen. Bei diesem Vorgang werden alle oder ein Teil der Haupttäste bodennah weggeschnitten. Dies ist nur bei unveredelten Exemplaren möglich. Schon bald erscheinen neue, kräftige Triebe und bilden ein neues Gerüst. Allerdings verzichten wir damit auf ein oder zwei nachfolgende Blüten, bis sich der Strauch wiederaufgebaut hat.

Das Versiegeln von Schnittwunden ist nicht nutzen. Der tatsächliche Nutzen (abgesehen vom Kaschieren der Schnitte) wird heute sehr kontrovers diskutiert. Wundverschlussmittel sollen angeblich das Holz vor Feuchtigkeit und dem Eindringen holzzerstörender Insekten oder Pilzsporen schützen. Allerdings müsste die Anwendung regelmäßig wiederholt werden, damit die Wirkstoffe wirksam bleiben. Der beste Schutz ist die natürliche Wundheilung, die man durch einen einwandfreien Schnitt fördern sollte.

Transparenzschnitt in der Praxis

Der Transparenzschnitt basiert auf der Beobachtung und Beurteilung jedes einzelnen Gehölzes: Man muss individuelle entscheiden, welche Äste entfernt und welche belassen werden, je nach gewünschter Transparenz. Die einzige Regel, die immer zu beachten bleibt, ist die Erhaltung der natürlichen Wuchsform und des Charakter des Baums oder Strauchs. Der Transparenzschnitt hat nichts Systematisches an sich, und man muss manchmal auch schwächere Äste stehen lassen, die das Gleichgewicht der Silhouette bewahren und zu einem guten Wachstum und zur Entwicklung des Gehölzes beitragen. Es geht nicht darum, das Innere des Baums zu »leeren«, sondern darum, lediglich überflüssige, störende oder ohnehin bald absterbende Zweige zu entfernen. Zum Erlernen dieser Schnitttechnik heißt es also: üben, üben, üben – und dabei immer den Baum und seine Reaktionen auf den Schnitt zu beobachten. Betrachten Sie die folgenden Beispiele keinesfalls als absolute Vorbilder. Sie sollen Ihnen die verschiedenen Situationen und die möglichen, angepassten Lösungen zeigen. Sie sind nach dem Schnittkalender geordnet, der je nach Art Mitte August beginnt und sich bis Ende Mai zieht. Die großformatigen Fotos, die sie begleiten, werden auch Ihren Blick für Transparenz schulen, bis Sie diese selbst vor Ort beobachten können. All diese Beispiele können Ihnen den Weg nur zeigen – Ihren eigenen müssen Sie selbst finden.

AUGUST BIS OKTOBER
BLÜTENGEHÖLZE

Magnolie

Nur wenige denken daran,
ihre Magnolie zu schneiden. Doch viele Sorten vergreisen schnell. Die oft malerischen dicken, knorrigen Äste können mit der Zeit brüchig werden und sind anfällig für Wind- und Schneebruch. Ein Transparenzschnitt entlastet die Äste, verteilt die Blüte, die dadurch noch eleganter wird, und sichert die Zukunft des Baums, indem er das Erscheinen junger Triebe an den alten Teilen auslöst und so künftige Blüten garantiert. Wir werden dies an einem etwa zwanzig Jahre alten *Magnolia × loebneri* 'Spring Snow' darstellen.

Das Prinzip
Äste entlasten, indem man nicht blühende Zweige entfernt, die zu dieser Jahreszeit leicht zu erkennen sind. Es handelt sich um einen leichten Schnitt, bei dem nur sehr selten dicke Äste geschnitten werden.

Die wichtigsten Maßnahmen

- Blütenknospen genau erkennen.
- Verdrängung der unteren Äste verringern.
- Stämme und Haupttäste von unnötigen Seitentrieben und Wasserschossen befreien.
- Etagen aus kleinen vergeilten Verzweigungen schrittweise auslichten.

Magnolie

Blütengehölz August bis Oktober

Transparenzschnitt im Jahresverlauf

Vorher — Nachher

Im August vor dem Schnitt:
Der Baum ist dicht und undurchsichtig. Sein Schatten ist gleichmäßig und kompakt.

August nach dem Schnitt:
Man erkennt die Hauptäste und die Silhouette des Baums. Er ist deutlich leichter und sein Schatten ist von hellen Lichtflecken durchsetzt.

Vorher — Nachher

April:
Die weiße Blüte ist spektakulär, sitzt jedoch etwas schwer und geballt in der Krone und an einigen älteren Ästen.

April des Folgejahrs:
Sechs Monate nach dem Schnitt sind die immer noch zahlreichen Blüten gleichmäßiger verteilt und der Baum wirkt deutlich eleganter.

Magnolie

Blütengehölz August bis Oktober

Blütenknospen erkennen

Im Sommer sind die Blütenknospen bereits sehr gut zu erkennen und lassen sich sicher von den Blattknospen unterscheiden: Blütenknospen sind deutlich größer, rundlich geformt, fein behaart und zeigen eine glänzende Oberfläche. Man findet sie vor allem an den Spitzen der Jungtriebe, wobei sie sich bevorzugt an den sonnenzugewandten, gut belichteten Enden der Zweige entwickeln.

Mit den unteren Ästen beginnen

1.

Auslichten:
Gabelungen erkennen – also parallel laufende Äste, die am selben Punkt entspringen. Einer der Gabeläste ist immer entbehrlich: diesen am Ansatz entfernen.

2.

Lange Partien entnehmen:
Die längsten Äste an der Basis herausnehmen; dabei die kleinen Erneuerungstriebe stehen lassen, die im Folgejahr weiterwachsen. Durch die entnommene Last richten sich die verbleibenden Äste wieder etwas auf.

3.

Die ausgelichtete Astpartie erleichtert das Mähen und lässt am Fuß des Baums mehr Wasser und Licht für die dort wachsenden Pflanzen durch.

Magnolie

Blütengehölz August bis Oktober

Unnötige Seitentriebe entfernen

1.

Keine, dünne Zweige, die an den dicken Ästen im Inneren des Baums sitzen, sind entbehrlich. Sie werden ohnehin absterben, da sie im Laufe der Zeit zu wenig Licht erhalten. Es ist daher besser, sie gleich zu entfernen.

2.

Durch diesen Schnitt werden die Hauptäste freigelegt und es gelangt mehr Licht ins Kroneninnere. Der Baum investiert seine Reserven eher in neue Blütenknospen.

Wasserschosse entfernen

1.

Wasserschosse sind senkrechte Triebe, die sich entweder an einer natürlichen Biegung des Astes entwickeln oder als Reaktion auf einen Schnitt oder einen natürlichen Bruch entstehen. Einige werden vielleicht eines Tages für die Erneuerung des Astes nützlich sein.

2.

Solange der Hauptast intakt ist, können sie entfernt werden. Man schneidet sie also an ihrer Basis ab. Diese einfache Maßnahme führt schnell zu einer erheblichen Verbesserung der Silhouette des Baums.

Magnolie
Blütengehölz August bis Oktober

Äste von unten auslichten

1.

An den Etagenästen lässt sich der Schnitt besonders gut üben: Die Verzweigungen sind klar erkennbar; kräftige Triebe unterscheiden sich deutlich von schwachen, blütenlosen oder überdeckten Zweigen.

2.

Dünne Zweige an der Basis abschneiden – vor allem den schwächeren, wenn zwei Triebe aus derselben Gabelung wachsen.

3.

Auch den belaubten Seitenzweig unterhalb des Hauptastes entfernen; er würde später ohnehin von diesem überwachsen werden.

4.

An einem weiteren, bereits geschwächten und fast entlaubten Ast wird genauso vorgegangen. Immer möglichst nahe an der Basis schneiden, dabei den Astring erhalten, damit die Wunden schnell überwallen.

5.

Die bisherigen Eingriffe reichen hier nicht aus – daher wird der gesamte Zweig an der Basis entfernt. Dazu immer schrittweise vorgehen und lieber zweimal prüfen, wo und ob geschnitten wird. Sonst entstehen dauerhafte »Löcher« in der Krone.

6.

Die Feinarbeit entlang des gesamten Astes fortsetzen, ohne sich zu lange auf einen Abschnitt zu konzentrieren. Mehrere kleine Schnitte ergeben ein harmonischeres Gesamtbild.

7.

Gelegentlich muss man zu einem übersehenen Zweig zurückkehren – das ist normal. Nachbesserungen gehören zum sorgfältigen Arbeiten.

8.

Im Vergleich zu Schritt 1 wurde der Ast um etwa die Hälfte seiner alten Verzweigungen erleichtert. Übrig bleiben junge, gut belichtete Triebe mit zahlreichen Blütenknospen.

Magnolie

Blütengehölz August bis Oktober

In der Krone fortfahren

1.

Vor dem Schnitt war der Baum dicht und undurchsichtig, die Verzweigungen und sein Habitus kaum erkennbar.

2.

Die an den unteren Ästen begonnene Arbeit wird an den höher gelegenen Etagen fortgesetzt.

3.

Da Magnolien besonders empfindlich und brüchig sind, sollte man immer von Leitern aus schneiden und nicht in den Baum klettern, um die oberen Bereiche zu erreichen und die Auslichtungsarbeiten vorzunehmen.

4.

Treten Sie immer wieder vom Baum weg, um mit etwas Abstand den Fortschritt und das Ergebnis zu beurteilen. Die Äste sollen sich klar voneinander abheben und gleichmäßig verteilt wirken. So vermeiden Sie, dass durch das nun einfallende Licht der Blick getäuscht wird.

Das Auslichten von Magnolien ist besonders sinnvoll, wenn sie in der Nähe von Wohngebäuden stehen (hier *Magnolia × soulangeana*). So ist der Blick auf die Blüten auch aus dem Haus heraus möglich, und das dichte Sommerlaub verdunkelt die Räume weniger. Durch den Transparenzschnitt gelangt zudem mehr Luft ins Kroneninnere – Feuchtigkeit staut sich nicht, Pilzbefall wird seltener, und herabfallende Blätter trocknen rascher ab.

Gleichzeitig tritt die charakteristische Wuchsform der Magnolie stärker hervor: die geschwungenen, malerisch gedrehten Leitäste kommen besser zur Geltung, und die ganze Pflanze wirkt leichter und harmonischer. Das Ergebnis ist nicht nur ein gesünderer Baum, sondern auch ein reizvollerer Anblick – im Garten wie vom Fenster aus.

AUGUST BIS OKTOBER
LAUBGHÖLZE

Fächer-Ahorn

Der japanische Fächer-Ahorn (*Acer palmatum*) ist zwar von ausgesuchter Eleganz, entwickelt in jungen Jahren jedoch eine sehr dichte, fast undurchdringliche Krone. Mit zunehmendem Alter lichtet er sich auf natürliche Weise durch Selbstaufastung aus – allerdings mit allen Risiken für Pilzinfektionen, die eine zunehmende Ansammlung von totem Holz mit sich bringt. Der Transparenzschnitt erhält die Vitalität der Pflanze und sichert ihr dauerhaft ein kräftiges, gesundes Wachstum. Zugleich bringt er die charakteristische Silhouette junger Exemplare deutlicher zur Geltung und verstärkt die ohnehin intensive Färbung des Laubes.

Das Prinzip

Die Silhouetten gezielt auflockern und das Wachstum junger, kräftiger Triebe fördern – sie sind Garant für die Vitalität des Gehölzes und damit für ihre Widerstandsfähigkeit gegenüber der Verticillium-Welke, einer tückischen Pilzkrankheit, die geschwächte und wenig wüchsige Exemplare binnen kurzer Zeit zum Absterben bringen kann.

Die wichtigsten Maßnahmen

- Die Sträucher gründlich von Totholz befreien.
- Ältere Äste im unteren Bereich entfernen, die von jüngeren Trieben überdeckt und beschattet werden.
- Die natürliche Eleganz der Gehölze herausarbeiten, indem man die Äste klar voneinander absetzt und ihre Verzweigungen sichtbar macht.

Fächer-Ahorn
Kleiner Ahorn August bis Oktober

Kleiner Fächer-Ahorn im Jahreslauf

Vorher

Die Krone bildet eine dichte Kuppel oder einen »Pilz« aus purpurrotem Laub, so kompakt und geschlossen, dass man die Pflanze beinahe für ein Formschnittgehölz halten könnte. Zweifellos wirkt er auf den ersten Blick attraktiv, doch in der Gesamtansicht erscheint er als dunkler, schwerer Fleck – ein regelrechter »schwarzer Punkt« in der Pflanzung, der den Blick aufhält statt ihn zu führen, und die benachbarte Bepflanzung optisch in den Hintergrund drängt.

Nachher

Hier zeigt sich ein filigranes Gefüge aus Zweigen und feinem Laub, ein leichter, durchscheinender Schleier, der die elegant verzweigte Struktur des Gehölzes sichtbar macht und gleichzeitig den Bodendecker darunter einbezieht und zur Geltung bringt. Das Gehölz wirkt nicht länger als dumpfer, schwerer Fleck, sondern entwickelt sich zu einem echten Blickfang, der das Auge anzieht, ohne zu dominieren. Die Transparenz schafft räumliche Tiefe, lässt Licht durch die Krone und Luft zirkulieren und fügt sich auf natürliche Weise in die Gesamtkomposition der Pflanzung ein – ein lebendiges Element statt einer dunklen Masse.

Fächer-Ahorn

Kleiner Ahorn August bis Oktober

Sparrige Triebe entfernen

1.

Die Hauptäste definieren und steile Verzweigungen entfernen. Dieser Zweig wuchs im rechten Winkel und beeinträchtigte die benachbarten Äste.

2.

Alle Zweige entfernen, die zu stark von der Gesamtform des Gehölzes abweichen. Dieser ragte wie eine »Ähre« heraus.

Lange Triebe entfernen

1.

Dieser lange Ast ist auf einem Großteil seiner Länge kahl und kreuzt die gesamte Silhouette. Er hat eigentlich keine Daseinsberechtigung.

2.

Der Beweis, das sich Gehölze selbst aufasten: Dieser Zweig hat nur noch wenige belaubte Triebe an der Spitze.

3.

Ein weiterer Ast, der das Zentrum des Strauchs »verstopft« und die Entwicklung neuer Knospen an den Hauptästen verhindert: An seiner Stelle werden ab nächstem Jahr ein oder mehrere neue Zweige austreiben können.

Fächer-Ahorn
Kleiner Ahorn August bis Oktober

Komplette Auslichtung

1.

Zunächst betrachtet man die gesamte Verzweigung gründlich und beginnt dabei von oben. Von dieser Perspektive aus lassen sich Überschneidungen und Kreuzäste im Inneren des Gehölzes wesentlich besser erkennen und beurteilen.

2.

Um den genauen Ursprung eines Astes zu bestimmen, hebe ich den Trieb vorsichtig an und verfolge seinen Verlauf zurück. So lässt sich feststellen, ob der Ast tatsächlich den gesamten Strauchkörper durchquert oder lediglich am Rand verläuft.

3.

Der erste Schritt besteht darin, kleinere, überzählige Triebe am äußeren Rand zu entfernen. Diese Arbeit schafft bereits erste Durchblicke und bereitet die weitere Auslichtung vor.

4.

Wichtig ist, dass man sehr rasch die Arbeitsseite wechselt und nicht zu lange an einer einzigen Stelle verweilt. Nur so vermeidet man unschöne »Löcher« in der Krone, die sich später kaum noch kaschieren lassen.

5.

Mit jedem Schnitt wird die Krone Stück für Stück transparenter und insgesamt deutlich leichter. Die charakteristische Struktur des Ahorns tritt allmählich hervor.

6.

Mehrere überlange Äste beschweren den unteren Bereich wie einen zu schweren »Reifrock«. Sie störten und wurden daher an der Basis entfernt.

7.

Der Ahorn ist nun nahezu fertig bearbeitet: Die Verzweigung wirkt spürbar aufgelockert, und das feine, spitzenartige Laub kommt endlich richtig zur Geltung.

8.

Es folgen nur noch kleinere Korrekturen – doch man sollte immer wieder innehalten und nicht zu viel entfernen. Weniger ist oft mehr.

9.

Insgesamt habe ich etwa ein Drittel der Krone entfernt.

Fächer-Ahorn
Mittelgroßer Ahorn August bis Oktober

Mittelgroßer Fächer-Ahorn

Vorher

Der Fächer-Ahorn besitzt die charakteristische Form und Silhouette eines ausgewachsenen Baums, bleibt jedoch insgesamt deutlich kleiner als viele Gartengehölze. Diese Zwischenstellung macht ihn besonders reizvoll für kleinere Gärten oder als Solitär in überschaubaren Gartenanlagen.

Vom Strauch zum Baum

Nachher

Durch den gezielten Transparenzschnitt wurde die tragende Aststruktur deutlich herausgearbeitet und in den Vordergrund gerückt. Dadurch wird der Charakter eines kleinen Baums sichtbar betont. Die natürliche Eleganz der Verzweigung kommt nun besonders eindrucksvoll zur Geltung.

Fächer-Ahorn

Mittelgroßer Ahorn August bis Oktober

Vorgehensweise beim Auslichten

Falsch:

Kürzen Sie keine Triebe ein oberhalb von Verzweigungen ein, die einen zu weiten, offenen Winkel zur Hauptachse bilden. Das zerstört die natürliche Silhouette des Gehölzes und provoziert einen unkontrollierten, chaotischen Neuaustrieb, der sich später nur schwer in Form bringen lässt.

1.

Besser ist es, die Zweigenden gezielt auszulichten, indem man ausschließlich den führenden Trieb stehen lässt – er bildet die natürliche Verlängerung des Hauptastes. In der Regel müssen dabei 2 bis 4 überzählige Triebe entfernt werden, um diese klare Linie zu erreichen.

2.

Da die Blätter des Ahorns gegenständig angeordnet sind, wachsen auch die Verzweigungen gegenständig. Überall dort, wo ausgelichtet werden muss, sollte man stets beide Partner eines Zweigpaares entfernen. Hier wurde gerade der linke Kleinzweig abgeschnitten.

3.

Anschließend wurde auch der rechte Kleinzweig entfernt. Der obere Zweig steht nun allein – doch auch ihn sollte man besser entfernen, um eine ausgewogene, harmonische Silhouette zu erhalten und um keine einseitigen Dominanzen entstehen zu lassen.

Fächer-Ahorn
Mittelgroßer Ahorn August bis Oktober

Verzweigungen schrittweise auslichten

1.

Der erste Schritt besteht darin, offensichtlich störende und überzählige Äste im Inneren der Krone zu identifizieren und zu entfernen. Diese behindern die Belichtung und nehmen den tragenden Ästen unnötig Raum.

2.

Im Anschluss arbeitet man daran, einzelne Äste weiter aufzulockern und transparent zu gestalten. Dazu dünnt man die Enden der Jungtriebe aus, indem man überflüssige Seitentriebe konsequent herausnimmt.

3.

Besonderes Augenmerk gilt allen Ästen, die nach innen wachsen und zum Zentrum des Baums hin streben. Sie verdichten das Kroneninnere und sollten daher an ihrer Basis sauber abgeschnitten werden.

4.

Um den charakteristischen, waagerechten Wuchs des Hauptastes zu betonen und die natürliche Eleganz hervorzuheben, entfernt man alle senkrecht wachsenden Verzweigungen. So bleibt die typische, flach gelagerte Struktur der Astetagen erhalten.

Fächer-Ahorn

Großer Ahorn August bis Oktober

Großer Fächer-Ahorn

Vorher

Die Krone wirkt überfüllt, dicht und undurchsichtig – sie versperrt den Blick auf den dahinter platzierten rotblättrigen Ahorn fast vollständig. Hinzu kommt, dass einige überlange Äste weit in die Nachbarpflanzungen hineinragen und diese bedrängen. Sie nehmen den benachbarten Stauden und Gehölzen nicht nur wertvollen Raum zur Entfaltung, sondern auch das dringend benötigte Licht und Regenwasser.

Nachher

Nach dem Transparenzschnitt tritt der rote Ahorn im Hintergrund endlich deutlich hervor und wird als eigenständiges Gestaltungselement wahrgenommen. Der Kontrast zwischen beiden Gehölzen – noch zurückhaltend im Sommer – wird im Herbst mit der intensiven Laubfärbung noch eindrucksvoller. Durch das gezielte Freistellen des unteren Stammbereichs wird zudem der baumartige, mehrstämmige Charakter des Gehölzes sichtbar betont. Hätte diese Sorte zusätzlich eine dekorative, auffällige Rinde, würde sie nach dem Auslichten noch wirkungsvoller in Szene gesetzt.

Fächer-Ahorn
Großer Ahorn August bis Oktober

Astgerüste entlasten

Falsch:

Kürzen Sie überlange Äste niemals auf deutlich dünnere Seitenäste ein – der sichtbare Durchmesserunterschied zwischen dem starken Hauptast und dem schwachen Seitenast wirkt nicht nur unnatürlich und ästhetisch störend, sondern widerspricht auch der natürlichen Wuchslogik des Gehölzes. Hinzu kommt ein praktisches Problem, diese Art der Schnittführung provoziert einen äußerst kräftigen, oft unkontrollierten Neuaustrieb an der Schnittstelle. Der Baum reagiert auf die starke Verletzung mit Wasserschossen, die den entfernten Teil bereits innerhalb einer Vegetationsperiode wieder ersetzen – das Problem ist damit nicht gelöst, sondern verschärft.

Richtig:

Die bessere Lösung besteht darin, Äste mit geringerem Durchmesser konsequent und vollständig an ihrer Basis zu entnehmen. Dabei sollte man sich vor allem auf jene Partien konzentrieren, die das Zentrum des Baums unnötig verdichten und die Lichtführung behindern. Dünnere Äste und Seitentriebe, die direkt von einem tragenden Leitast abzweigen, verlieren in der dichten Krone ohnehin rasch an Vitalität, trocknen mit der Zeit ab, und werden abgeworfen. Die frühzeitige Entnahme ist daher sinnvoll und beugt späteren Problemen vor.

Parallel verlaufenden Äste entfernen

Ein wichtiger Blick gilt den sogenannten »Dopplungen« – damit sind Äste gemeint, die nahezu parallel zueinander verlaufen, in ein und dieselbe Richtung streben und praktisch denselben Raum im Kronenaufbau beanspruchen. Hier ist Entscheidungskraft gefragt: Entfernen Sie den Ast, der Ihnen störender erscheint, ungünstiger positioniert ist oder statisch weniger tragfähig wirkt. In diesem konkreten Fall behalte ich bewusst den mittleren, gut platzierten Ast und entferne stattdessen den parallel verlaufenden Konkurrenten, der dem kräftigen Hauptast zu nahe kommt, ihn bedrängt und auf Dauer schwächen würde.

Nach der konsequenten und behutsamen Auslichtung wurde, spielt dieser Rotblättrige Fächer-Ahorn (*Acer palmatum* 'Atropurpureum') auf faszinierende Weise mit dem einfallenden Licht – vergleichbar mit einem kunstvoll gestalteten Kirchenfenster in einer gotischen Kathedrale. Das purpurfarbene Laub wird durchscheinend und leuchtet intensiv, während die Sonnenstrahlen die feine Blattstruktur sichtbar machen. Die charakteristischen »Etagen«, die durch die waagerecht gelagerten Hauptäste gebildet werden, treten nun ganz von selbst deutlich hervor und gliedern die Krone auf natürliche Weise – ohne dass man die Äste in eine künstliche Form zwingen müsste. Die Form und natürliche Silhouette des Gehölzes werden auf diese Weise nicht nur respektiert, sondern optimal zur Geltung gebracht und in ihrer ganzen Schönheit sichtbar gemacht. Ein weiterer Vorteil zeigt sich am Fuß des Ahorns: Durch die erhöhte Lichtdurchlässigkeit finden nun auch im Unterwuchs zahlreiche schattenverträgliche Stauden und Farne ideale Wachstumsbedingungen und können sich prächtig entwickeln.

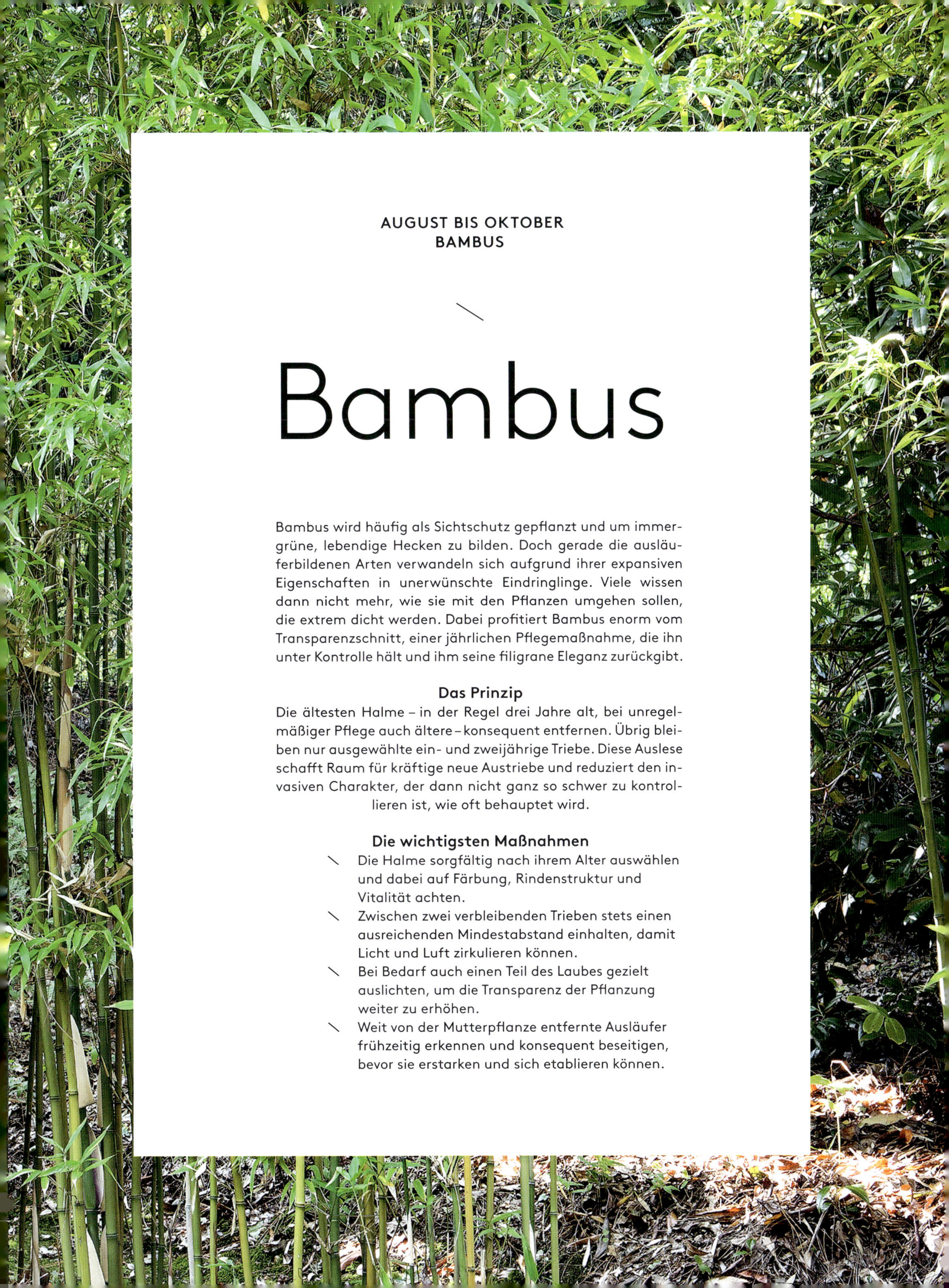

Bambus

Bambus wird häufig als Sichtschutz gepflanzt und um immergrüne, lebendige Hecken zu bilden. Doch gerade die ausläuferbildenen Arten verwandeln sich aufgrund ihrer expansiven Eigenschaften in unerwünschte Eindringlinge. Viele wissen dann nicht mehr, wie sie mit den Pflanzen umgehen sollen, die extrem dicht werden. Dabei profitiert Bambus enorm vom Transparenzschnitt, einer jährlichen Pflegemaßnahme, die ihn unter Kontrolle hält und ihm seine filigrane Eleganz zurückgibt.

Das Prinzip

Die ältesten Halme – in der Regel drei Jahre alt, bei unregelmäßiger Pflege auch ältere – konsequent entfernen. Übrig bleiben nur ausgewählte ein- und zweijährige Triebe. Diese Auslese schafft Raum für kräftige neue Austriebe und reduziert den invasiven Charakter, der dann nicht ganz so schwer zu kontrollieren ist, wie oft behauptet wird.

Die wichtigsten Maßnahmen

- Die Halme sorgfältig nach ihrem Alter auswählen und dabei auf Färbung, Rindenstruktur und Vitalität achten.
- Zwischen zwei verbleibenden Trieben stets einen ausreichenden Mindestabstand einhalten, damit Licht und Luft zirkulieren können.
- Bei Bedarf auch einen Teil des Laubes gezielt auslichten, um die Transparenz der Pflanzung weiter zu erhöhen.
- Weit von der Mutterpflanze entfernte Ausläufer frühzeitig erkennen und konsequent beseitigen, bevor sie erstarken und sich etablieren können.

Bambus

Vorher

Das Wachstum der jungen Halme dieses Narihira- oder Säulenbambus (*Semiarundinaria fastuosa*) ist abgeschlossen, und die Bambuspflanzung wirkt wie ein undurchdringlicher Busch aus eng aneinander stehenden Halmen. Der entlang eines Weges gepflanzte Bambus hat hier eine Schutzfunktion gegen Wind, nicht gegen Einblicke. Er erzeugt einen dichten Schatten und beeinträchtigt die Vegetation der Rhododendron, die etwas weiter oben am Hang stehen.

Nachher

Der ausgelichtete Bambushain lässt wie ein transparenter Vorhang deutlich mehr Licht auf den Weg fallen. Er erfüllt weiterhin seine Schutzfunktion gegen Wind, lässt jedoch den Blick hindurch. Etwa ein Drittel der Halme und ein Teil des Laubes wurde entfernt. An den unterschiedlichen Farbtönen erkennt man, dass Halme verschiedenen Alters erhalten wurden. Der Bambus spielt nun mit dem Licht, und zeigt seine schöne Färbung und ihre Nuancen im Detail.

Bambus
August bis Oktober

Optimaler Abstand

1.

Der richtige Abstand zwischen zwei Trieben hängt von der jeweiligen Art ab; häufig erweisen sich jedoch 20 bis 25 cm (also etwa die Länge einer Gartenschere) als ein guter Richtwert, da sich das Laub dann so frei entfalten kann, ohne zu dicht zu werden.

2.

Um den Bambus auszulichten, entfernt man jeden dritten Trieb – mitunter sogar jeden zweiten. Dabei bevorzuge ich die kräftigsten und jüngsten Triebe, die sich an ihrer leuchtenden, glänzenden Farbe erkennen lassen.

Bodennah abschneiden

1.

Verwenden Sie eine feinzahnige Säge oder eine Astschere mit Getriebe – beide Werkzeuge schneiden dicke Halme sauber und effektiv durch.

2.

Achten Sie darauf, das Werkzeug waagerecht anzusetzen, um schräge Schnitte zu vermeiden. Diese hinterlassen kantige Spieße, die gefährlich werden können, wenn man auf dem Boden kniet.

Das Laub auslichten

1.

Perfektionisten investieren zusätzlich etwas Zeit, um auch das Laub auszulichten. Aus den Triebbüscheln, die im Laufe der Jahre dicht geworden sind, entfernt man einzelne Zweige oder einen Teil des gesamten Büschels.

Bambus
August bis Oktober

Rhizome begrenzen

1.

Ein Trieb, der in einiger Entfernung von der Mutterpflanze erscheint, stammt mit hoher Wahrscheinlichkeit von einer Rhizomverzweigung. Man sollte ihn möglichst rasch entfernen, bevor er weitere Halme bildet und sich so stark verwurzelt, dass er nicht ohne Weiteres mehr entfernt werden kann.

2.

Das Rhizom lässt sich mit einer Hacke leicht freilegen. Es liegt in der Regel nicht tief (maximal 10 bis 20 cm). Legen Sie das Rhizom auf seiner ganzen Länge frei.

3.

Anschließend schneidet man das Rhizom am Ansatz ab und füllt den Graben wieder auf.

Im März, sechs Monate nach dem Schnitt. Der nun durchlässige Bambusvorhang filtert das einfallende Licht auf angenehme Weise und wirft ein lebendiges, wechselndes Schattenspiel auf den bemoosten Weg. Der Rhododendron, der seit einem halben Jahr von der deutlich verbesserten Lichtsituation profitiert, dankt es mit einer außergewöhnlich üppigen und kraftvollen Blüte – so reich wie nie zuvor.

NOVEMBER BIS DEZEMBER
KONIFEREN

Koniferen

Im Garten übernehmen Koniferen (Nadelgehölze) eine wichtige Strukturfunktion. Sie werden für ihre immergrünen Nadeln, ihre Form und ihre Farbwirkung geschätzt. Mit zunehmendem Alter entwickeln sie jedoch oft zu wuchtige Massen, die das Gleichgewicht einer Pflanzung stören. Selbst sogenannte Zwergformen werden im Lauf der Jahre immer größer und dichter. Der Transparenzschnitt legt die innere Struktur frei, reduziert den Schattenwurf deutlich und verwandelt Koniferen in lebendige Skulpturen, die sich harmonisch in die übrige Vegetation einfügen.

Das Prinzip

Nadelgehölze benötigen – mehr noch als andere Bäume und Sträucher – eine regelmäßige Befreiung von abgestorbenen Zweigen und Nadeln, die sich im Inneren oder an den unteren Ästen ansammeln. Werden einige gezielt ausgewählte Äste, insbesondere im unteren Bereich, entfernt, wirkt das Gehölz leichter und durchlässiger.

Die wichtigsten Maßnahmen

- Der beste Zeitraum für den Schnitt liegt im Winter, also zwischen November und Dezember. Grundsätzlich kann aber auch zu jeder anderen Jahreszeit gearbeitet werden – außer von Mai bis Juli, der Hauptwachstumszeit.
- Eine erste Pflegemaßnahme besteht darin, tote Nadeln und abgestorbene Zweige im Inneren zu entfernen.
- Größere Schnittstellen vermeiden, da die Wundheilung bei Nadelgehölzen nur unvollständig erfolgt. Anders als Laubgehölze treiben sie (bis auf Eiben) nicht aus dem alten Holz neu aus.

Zwerg-Nadelgehölze im Jahresverlauf

Zwerg-Koniferen entstehen aus Triebmutationen großer Nadelgehölze, meist aus sogenannten »Hexenbesen« – unregelmäßigen Verdichtungen kurzer Triebe, die sich an einem Ast bilden. Ihr Wuchs ist daher von Natur aus sehr dicht und erinnert bei manchen Exemplaren an Formschnittgehölze. Ein wenig Leichtigkeit steht ihnen gut und trägt entscheidend zu ihrer Vitalität und Lebensdauer bei.

Vorher

Dezember:
Diese Hinoki-Scheinzypresse (*Chamaecyparis obtusa* 'Chabo-Yadori') hat in rund zehn Jahren eine schöne, dichte Kugelform entwickelt. Im Inneren haben sich jedoch zahlreiche trockene Zweige angesammelt, was langfristig Krankheiten begünstigen und zum Absterben einzelner Partien führen kann.

Nachher

Dezember:
Nach dem Transparenzschnitt wirkt die Pflanze deutlich luftiger, behält aber ihre kugelige Grundform. Die Form der tragenden Äste tritt klar hervor, und die rötliche Rindenfarbe verleiht diesem kleinen Nadelgehölz zusätzlichen Reiz.

An der Basis beginnen

1.

Zu dicke untere Äste können entfernt werden, um die Silhouette des Gehölzes zu erleichtern. Um das Gleichgewicht der Form zu wahren, werden auf jeder Seite unterere Äste entfernt. Achten Sie darauf, dass die Pflanzen nicht wie ein »Lolli« aussieht.

2.

Anschließend das Innere der Krone freistellen: totes Holz, vertrocknete Zweige und Nadeln entfernen. Möglichst viele Triebe mit grünen Spitzen erhalten – sie begrünen im Lauf der Zeit den Stamm und erhalten das natürliche Erscheinungsbild.

Innere Äste ausdünnen

1.

Äste, die sich gabeln oder doppeln, identifizieren: Das Entfernen einer der beiden Verzweigungen ist die einfachste Methode, um den Strauch zu entlasten, ohne Lücken zu schaffen. Arbeiten Sie sich mit dieser Technik durch die Pflanze – zunächst an kleinen Zweigen, bevor größere Äste entfernt werden.

2.

Schon das Entfernen eines einzigen Astes reicht aus, um Licht ins Innere zu bringen. Der entnommene Ast verlief in gleicher Richtung wie zwei andere, die im Hintergrund erhalten wurden. Im weiteren Verlauf kann geprüft werden, ob noch einer davon entfernt werden sollte.

Koniferen
Mittelgroße Nadelgehölze November bis Dezember

Mittelgroße Nadelgehölze im Jahresverlauf

Durch den aufrechten Wuchs mittelgroßer Nadelgehölze sind sie weniger anfällig für Krankheiten und Schädlinge wie die dichten Kronen der Zwergformen. Oft reinigen sie sich durch Selbstaufastung und behalten dadurch weniger abgestorbenes Laub im Inneren ihrer Krone. Der Schnitt beschränkt sich im Wesentlichen darauf, die Krone zu vereinfachen, indem abgestorbene oder stark entnadelte Äste entfernt werden.

Vorher

Bei dieser Hinoki-Scheinzypresse (*Chamaecyparis obtusa* 'Tempelhof') zeichnet sich bereits durch eine schöne, rötlich gefärbte Aststruktur ab – sie ist jedoch noch zu wenig sichtbar.

Nachher

Nach dem Schnitt wirkt der kleine Baum deutlich leichter. Aus der Nähe treten die Form der Äste und die Zeichnung der Rinde viel klarer hervor, und alle braunen, vertrockneten Nadeln wurden sorgfältig entfernt.

Tote und absterbende Äste entfernen

1.

Zuerst wird ein unterer Ast entfernt (nicht immer erforderlich), hier auf der rechten Seite des Baums, da er die Form aus dem Gleichgewicht bringt – auf der linken Seite gibt es keinen entsprechenden Gegenspieler.

2.

Anschließend werden alle toten oder fast abgestorbenen Äste direkt an der Ansatzstelle entfernt. Sehr trockenes Holz bricht zwar leicht, hinterlässt jedoch unregelmäßige Wunden. Für einen sauberem Schnitt mit der Astschere oder Säge arbeiten.

3.

Hier ist der senkrechte Fortsatz eines Astes weniger bedeutend als seine seitliche Verlängerung. Viele Nadelgehölze wachsen auf diese Weise und verlieren mit der Zeit ihre Spitzen zugunsten flacher Seitenäste. Solche aufrechte Triebe können entfernt werden – es sei denn, dadurch würde der Mittelbereich zu stark ausgelichtet. Der Stamm sollte nie völlig leer wirken.

4.

Regelmäßig angeordnete Äste ermöglichen es, ohne Leiter in die Krone zu steigen und die oberen Partien zu erreichen. Dort ist meist weniger zu tun, da die jüngeren Triebe ohnehin luftiger wachsen. Diese sollten nicht zu stark ausgelichtet werden, um das Wachstum nicht zu bremsen. Dennoch lohnt es sich, bereits jetzt Dopplungen zu entfernen, damit künftig mehr Licht in das Innere des Baums fällt.

Große Nadelgehölze

Achtung
Der Baumschnitt in großer Höhe erfordert Fachkenntnis und spezielles Equipment. Steigen Sie niemals ungesichert und ohne Schutzausrüstung mit einer Motorsäge in den Baum! Die folgende Bildserie soll das Vorgehen veranschaulichen und zeigen, die richtigen Punkte bei der Abstimmung mit einem ausgebildeten Fachmann (zertifizierter Baumkletterer) anzusprechen.

Vorher

Februar:
Diese malerische Wald-Kiefer hat im Laufe der Jahre einen flachkronigen, sehr dichten Leitast im unteren Kronenbereich gebildet, der sich zunehmend über eine darunter stehende Quitte gesenkt hat. Die Quitte blüht kaum noch und trägt keine Früchte mehr. Es gibt zwei Möglichkeiten: Entweder man entfernt den gesamten, schräg gewachsenen Ast – was jedoch eine sehr große Schnittwunde an der Basis des Stammes hinterlassen würde, die sich niemals schließen könnte und den gesamten Baum langfristig schwächen würde. Wir haben uns daher für eine zweite Lösung entschieden: den Ast deutlich zu entlasten, um zu verhindern, dass er unter seinem eigenen Gewicht bricht – und um gleichzeitig der Quitte wieder Licht zu verschaffen.

Nachher

Februar:
Nachdem totes Holz und störende Äste entfernt wurden, ist der Baum deutlich lichter und wirkt leichter. Dadurch wird das Wachstum der verbliebenen Zweige angeregt (Nadelgehölze schlagen bis auf Eiben aus altem Holz nicht neu aus). So kann sich die Krone in kurzer Zeit wieder verdichten. Die langfristige Vitalität der Kiefer ist damit gesichert – und die Quitte erhält wieder ausreichend Licht und Raum, um sich gut zu entwickeln.

Koniferen
Große Nadelgehölze November bis Dezember

Totholz entfernen

1.

Zuerst schneide ich die Reste zuvor abgebrochener Äste (beispielsweise Sturmschäden) sauber heraus. Stehengebliebene Aststummel sind suboptimal, weil sie die Wundheilung verzögern und zur Holzfäule führen.

2.

Ich habe die Endpartie eines dünneren, aber langen Astes entfernt und bewusst einen kurzen Stummel stehen gelassen, damit beim Herabfallen die Rinde nicht einreißt. Jetzt entferne ich diesen Aststummel am Astring, dicht am Stamm.

Große Äste entfernen

1.

Dieser starke Ast stört und zur Hälfte abgestorben. Er muss gehen. Gefahrlos geht das nur, indem ich ihn in mehreren Schritten absetze. Zuerst schneide ich die dünneren Seitenäste ab, um das Gewicht zu reduzieren.

2.

Anschließend entlaste ich das Ende des zu entfernenden Astes. Wenn das Gewicht fällt, schnellte der Ast kurz nach oben, was unproblematisch ist, da ich über zwei Anschlagpunkte gesichert bin – einer am Hauptstamm, der zweite am zu bearbeitenden Ast.

3.

Zum Schluss entferne ich den starken Hauptast – Stück für Stück –, und lasse die Teile, ohne dass sie Schaden anrichten, gezielt so zu Boden. So verhindere ich, dass die darunter stehende Quitte durch unkontrolliert herabfallende Aststücke beschädigt wird.

Verbliebene Leitäste entlasten

1.

Am ausgewählten Hauptast entferne ich zur Entlastung alle nach unten hängenden Seitenäste, sowie die zahlreichen Zweige, die in den vergangenen Wintern durch Schnee beschädigt wurden. Dabei halte ich den Ast mit dem ausgestrecktem Arm fest, um die Säge kontrolliert zu führen.

2.

Erst, wenn sichergestellt ist, dass am Boden nichts beschädigt wird und sich niemand im unmittelbaren Umfeld befindet, lasse ich den Ast fallen.

3.

Auf dem unteren Leitast gesichert, beende ich das Ausschneiden des oberen Astes. Noch ein paar abgestorbene Zweige –, und die Arbeit ist erledigt.

Unmittelbare Folgen

1.

April im Folgejahr:
Zwei Monate nach dem Transparenzschnitt hat die Quitte wieder kräftig ausgetrieben und blüht reichlich. Im folgenden Jahr, nach einer deutlich helleren Vegetationsperiode, fiel die Blüte noch üppiger aus.

2.

Oktober im Folgejahr:
Zum ersten Mal seit Langem trägt der Baum wieder Früchte. Früher faulten die Quitten im Schatten der Kiefer, bevor sie ausreifen konnten. Jetzt entwickeln sich gesunde, makellose Früchte – ein sichtbares Zeichen für das verbesserte Gleichgewicht zwischen beiden Bäumen.

Koniferen

Zeder November bis Dezember

Zeder im Jahresverlauf

Zedern wurden häufig in kleine Gärten gepflanzt – und später oft stark verstümmelt, um ihren Platzbedarf zu verringern. Dabei lässt sich ihre Wirkung viel einfacher durch einen gezielten Transparenzschnitt verbessern, der den Boden wieder lichtdurchflutet. In diesem Fall war es notwendig, die unteren Äste zu entfernen, um die wertvollen Sträucher darunter freizustellen. Zedern besitzen zudem die Fähigkeit, nach einem solchen Eingriff wieder gut auszutreiben.

Vorher

August:
Die Zeder bedrängt die benachbarten Pflanzen. Zwei tiefhängende Äste bedrängen eine Kamelie und einen Schneeball, die beide kaum noch zur Blüte kommen.

Nachher

April des Folgejahrs:
Nach dem Winter wurde die Zeder vollständig von toten Ästen befreit und lässt nun deutlich mehr Licht durch. Die beiden herabhängenden Äste wurden entfernt, wodurch sich der tragende Leitast aufgerichtet hat. Kamelie und Schneeball sind wieder frei und blühen bereits im darauffolgenden Frühjahr üppig.

Vorher

Wie viele andere Nadelgehölze bleiben auch bei Zedern abgestorbene Äste lange am Baum. Deren Entfernung bringt sofort spürbar mehr Licht. Der Schnitt dient außerdem dazu, die Astetagen zu vereinfachen, indem doppelte oder tief hängende Äste entnommen werden, die das Gesamtbild stören.

Nachher

Mit nur wenigen gezielten Schnitten wurde die Zeder deutlich transparenter. Dieser Eingriff fördert den Neuaustrieb und intensiviert im darauffolgenden Frühjahr die blaue Nadelfärbung. Solche Transparenzschnitte helfen insbesondere frei stehenden Bäumen, starke Winde besser durchzulassen und so Bruchschäden zu vermeiden – ein wichtiger Beitrag zu ihrer langfristigen Entwicklung.

Wie alle Fichten war auch dieser »Weihnachtsbaum« extrem dicht – ein regelrechter dunkler Fleck im Garten. Das Entfernen der abgestorbenen Innenzweige reichte aus, um ihn lichtdurchlässig zu machen und den Blick auf die leuchtende, frühblühende Azalee 'Boskoop Ostara' im Hintergrund freizugeben. Seit die Sonne – zum Zeitpunkt der Aufnahme bereits seit zwei Jahren – wieder bis zum Boden gelangt, hat sich dort ein Teppich aus rosa blühendem Finger-Zahnwurz (*Cardamine pentaphylla*) entwickelt, der sich nun üppig um den Stamm ausbreitet.

MÄRZ BIS APRIL
SOMMERGRÜNER STRAUCH

Forsythie

Forsythien wachsen oft zu großen, auffälligen Sträuchern heran – vielleicht zu auffällig –, wenn sie im März ihre leuchtend gelben Blüten öffnen. Die üblichen Schnittanleitungen führen zu dichten Sträuchern, deren Wuchs sehr steif wirkt. Dabei lässt sich eine Forsythie leicht in einen grazilen, eleganten Strauch verwandeln, der selbst ihre Skeptiker begeistert.

Das Prinzip

Anstatt alle verblühten Triebe bodennah abzuschneiden, lässt man die Hauptäste zunächst weiterwachsen. Schon im ersten Sommer biegen sie sich unter dem Gewicht der Belaubung und nehmen eine sanft geschwungene Form an. Nach zwei bis drei Jahren wird das Innere ausgelichtet, sodass die harmonische, luftige Struktur erhalten bleibt.

Die wichtigsten Maßnahmen

- Die Blütenknospen werden im Herbst ausgebildet. Daher immer nach der Blüte schneiden, damit sich neue Triebe entwickeln und Blütenknospen für das Folgejahr anlegen können.
- Nicht alle verblühten Triebe entfernen, sondern kräftige Zweige belassen, die Seitentriebe hervorbringen.
- Ein leichter Schnitt führt zu maßvollem Aufbau: So bleiben ausreichend junge Triebe, um alte Äste nach und nach zu ersetzen.
- Ideal ist es, jedes Jahr einen stärkeren Ast vollständig herauszunehmen. So wird der Strauch immer wieder von der Basis her erneuert.

Forsythie
März bis April

Forsythie im Wandel

Vorher

Sobald die letzten Blüten verblüht sind, erscheinen die jungen Triebe. Ein Schnitt genau zu diesem Zeitpunkt stellt sicher, dass die Blüte des nächsten Jahres nicht beeinträchtigt wird – im Gegenteil, sie wird dadurch sogar gefördert. Diese Forsythie wird seit über 25 Jahren regelmäßig so geschnitten und bleibt dadurch vital, elegant und blühfreudig.

Nachher

Beim Schnitt bleibt das Grundgerüst mit seinen kräftigsten Verzweigungen erhalten. Dennoch werden etwa ein Drittel bis die Hälfte der Triebe entfernt. So entsteht Platz und Licht für den neuen Austrieb, und die Pflanze kann ihre Energie auf die verbliebenen Knospen konzentrieren. Sie entwickelt kräftige, blühwillige Zweige für die nächste Saison.

Forsythie
März bis April

Starke Hauptäste entfernen

1.

Der Schnitt beginnt mit einem Sägeschnitt an der Unterseite – etwa 50 cm von der Basis entfernt. Das verhindert abreißende Rindenstreifen, die Pilzbefall begünstigen und die Wundheilung erschweren.

2.

Danach folgt der Gegenschnitt von oben, leicht versetzt um einige Zentimeter. Mit wenigen, gleichmäßigen Sägezügen lässt sich das relativ weiche Holz gut durchtrennen.

3.

Ein fester Griff am Astende verhindert, dass der Ast vorzeitig herunterbricht und dabei umliegende Pflanzen beschädigt. Es ist hilfreich, wenn eine zweite Person beim Abstützen hilft.

5.

Für eine optimale Wundheilung sollte der Schnitt der natürlichen Astkrümmung folgen – dort, wo sich der Wundkallus am schnellsten bildet. Ein Stummel begünstigt Krankheiten, ein zu tiefer Schnitt heilt schlecht.

4.

Nachdem das Astende entfernt ist, bleibt das untere Reststück. Es wird direkt an seiner Basis entfernt, möglichst nahe einer kräftigen Verzweigung, die dann den Austrieb übernimmt.

6.

Wir verwenden bei Forsythien Wundverschlussmittel. Die Schnittfläche wird in ein bis zwei Jahren überwallt.

7.

Das Mittel schützt die Schnittfläche. Später wird sie von Moos überwachsen.

Forsythie

März bis April

Überflüssige Äste entfernen

2.

Entlang der Hauptäste erscheinen Seitentriebe in mehr oder weniger regelmäßigen Abständen. Oft kann man jeden zweiten entfernen, damit die verbleibenden Triebe genügend Raum zur Entfaltung und Verzweigung haben. Dabei keine Aststummel (»Kleiderhaken«) stehenlassen.

1.

Bei genauer Betrachtung des Strauchs fällt auf, dass sich manche Äste doppeln – sie wachsen in dieselbe Richtung und nehmen denselben Raum ein. Ich entferne jeweils einen der beiden Äste (in der Regel den älteren, dickeren oder schwächeren), um die Krone spürbar zu entlasten.

3.

Außerdem entferne ich alle sich kreuzenden oder nach innen wachsenden Zweige. Diese »Quertreiber« stören die harmonische Silhouette und sind leicht zu erkennen. Sobald die Forsythie belaubt ist, beschatten sie die Basis des Strauchs und behindern dort die Bildung kräftiger Jungtriebe, die ältere Äste ersetzen könnten.

Schwache und aussichtslose Triebe entfernen

1.

Wasserschosse sind senkrechte, oft unkontrolliert wachsende Triebe, die direkt aus dem Stamm oder einem Hauptast entstehen. Sind sie im Vergleich zum tragenden Ast einen deutlich dünner, haben sie keine »Zukunft« und werden möglichst dicht an der Basis entfernt – ohne den Kallus am Astring zu verletzen.

2.

An den verbliebenen Hauptästen werden dünne Zweige herausgenommen. Der Durchmesser der blühfähigen Äste (sortenabhängig) lässt sich mit einem Blick erkennen. Dünne Zweige, die nicht geblüht haben, werden an ihrer Basis entfernt.

3.

Durch die Auslichtung der Hauptäste wird der Strauch nach und nach transparenter. Zu Beginn eher zurückhaltend schneiden, um keine keinen starken Neuaustrieb anzuregen. Mit der Zeit entwickelt man ein Gefühl dafür, wie viele Äste bei jedem Schnitt entfernt werden sollten.

MÄRZ BIS APRIL
IMMERGRÜNE, FRÜHBLÜHENDE STRÄUCHER

Kamelie

Wenn Kamelien gute Standortbedingungen haben, entwickeln sie sich rasch zu dichten, dunklen Büschen. Ihre Blüte ist dann zwar beeindruckend, wirkt aber oft schwer und unbeweglich – besonders bei Sorten mit gefüllten Blüten. Gezieltes Auslichten verbessert nicht nur die Form, sondern auch die Gesundheit der Pflanze: Dabei werden Schildläuse und die damit verbundene Rußtaupilzbildung (erkennbar am schwarzen Belag auf den Blättern) auf natürliche Weise reduziert.

Das Prinzip

Der Schnitt erfolgt direkt nach der Blüte. So hat der Strauch ausreichend Zeit, neue Triebe und Blütenknospen für das kommende Jahr zu bilden. Durch das Öffnen des Inneren gelangt Licht bis in die unteren Partien, wodurch auch dort Knospen angesetzt werden – die Blüte verteilt sich anschließend harmonisch über die ganze Pflanze statt nur an den Triebspitzen.

Die wichtigsten Maßnahmen

- Äste identifizieren, die sich doppeln oder denselben Raum einnehmen.
- Bei Verzweigungen die schwächeren oder ungünstig stehenden Äste entfernen.
- Feine, überflüssige Zweige gezielt mit der Schere herausschneiden.
- Von den neuen Trieben diejenigen auswählen, die eine elegante, ausgewogene Blütenbildung erwarten lassen.

Kamelie
März bis April

Vorher

Diese Kamelie (*Camellia japonica* 'Adolphe Audusson'), an einer Hausecke gepflanzt, ist in weniger als zehn Jahren zu beeindruckender Größe herangewachsen. Sie nimmt jedoch so viel Raum ein, dass sie das Licht in der dahinterliegenden Küche fast vollständig blockiert. Die Blüte war üppig, konzentrierte sich jedoch nur auf den äußeren Rand des Strauchs.

Nachher

Nach dem Auslichten ist das Fenster wieder sichtbar, und Licht fällt wieder in die Küche. Die Struktur des Strauchs kommt deutlich besser zur Geltung. Die langen Hauptäste mit ihren Verlängerungen wurden bewusst stehen gelassen – ein Rückschnitt in der Höhe hätte den Strauch nur dichter und noch wuchskräftiger gemacht.

Kamelie
März bis April

Starke Hauptäste entfernen

2.

Zuerst einen kurzen Unterschnitt setzen, etwa 40 cm über der Gabelung.

3.

Anschließend folgt der Gegenschnitt von oben, um den oberen Teil vollständig abzutrennen.

1.

Solche Gabelungen sind bei ungeschnittenen Kamelien sehr häufig. Der linke Ast ist hier kräftiger als der rechte und bildet somit die natürliche Fortsetzung des Hauptastes. Außerdem wächst er nach außen – so kann mehr Licht ins Innere des Strauchs gelangen.

4.

Nun lässt sich der verbleibende Stummel sauber entfernen, ohne dass die Rinde einreißt. Der Schnitt erfolgt senkrecht zur Astlinie am Astring, sodass der kleine Knick rasch überwallt.

Ein Jahr später

5.

Den Rest der Arbeit an den kleineren Zweigen erledigt man mit der Schere: Entfernen Sie alle dünnen Triebe, die keine Blüten tragen, solche, die unterhalb von kräftigeren Ästen verlaufen, oder sich nach unten biegen und ohnehin bald verkümmern würden.

6.

An den Stellen mit größeren Schnittwunden treiben bald Büschel junger Triebe aus. Entfernen Sie im Sommer die senkrecht nach oben wachsenden, um die seitlichen zu fördern – sie blühen früher und reicher.

Im Frühjahr des Folgejahrs hat sich der Strauch wieder etwas verdichtet und trägt nun regelmäßig Blüten an allen Zweigen – sogar im Inneren des Strauchs –, was vom Hausinneren aus betrachtet besonders schön ist.

Leycesterie

Die Leycesterie – manchmal auch als Karamelbeere bezeichnet – ist ein schnell wachsender, aufrechter Strauch, der sein Holz rasch erneuert. Wird er nicht regelmäßig stark ausgelichtet, verdichtet er sich schnell, wirkt schwer und verliert einen Großteil seiner Zierwirkung. Durch den Schnitt lässt sich die Blüte zeitlich besser verteilen, der Habitus betonen und der Strauch gewinnt auch im Winter an Reiz, da das grüne Holz dann deutlich hervortritt. Auf ähnliche Weise können auch Sommer-Spiersträucher (beispielsweise *Spiraea japonica* oder *S. salicifolia*) geschnitten werden.

Die wichtigsten Maßnahmen

- Alle braunen, verholzten Triebe an der Basis entfernen.
- Abgeblühte Blütenstände vollständig entfernen.
- Den inneren Bereich des Strauchs auslichten.
- Einige kräftige junge Triebe gleichmäßig über den Strauch verteilt stehen lassen, um Form und Blütenaufbau zu sichern.

Leycesterie
März bis April

Sommergrüner Strauch, Blüte am diesjährigen Holz

Die Karamelbeere bildet lange Trauben mit weißen Blüten, die von rötlichen Hochblättern umgeben sind und sich rasch in purpurfarbene Beeren verwandeln. Besonders schön zeigt sich die Sorte 'Golden Lantern' – ihr Laub leuchtet intensiver und farbiger, wenn die Pflanze regelmäßig und fachgerecht ausgelichtet wird.

Vorher

Die Karamelbeere (*Leycesteria formosa*) wächst sehr dicht aus der Basis heraus. Ihre Zweige verzweigen sich oft unregelmäßig und sparrig. Das hohle Holz altert schnell, verfärbt sich braun und bricht leicht. Ältere Äste blühen etwas früher, die jüngeren jedoch tragen die auffälligeren, üppigeren Blütenstände.

Nachher

Nach dem Schnitt ist der Strauch elegant, locker und licht. Die belassenen Triebe sind gleichmäßig verteilt. Die unteren Äste wurden leicht angehoben, um die typische Trichterform zu betonen. Bereits im Juni erscheinen die ersten Blüten an diesen Ästen, während ab Ende Juli die neuen Triebe nachblühen.

Leycesterie
März bis April

Überflüssige Äste entfernen

1.

Schneiden Sie alle braun verfärbten Äste so nah wie möglich an der Basis ab – sie sind abgestorben und bilden weder neue Blätter noch Blüten.

2.

Wenn ein Ast noch grüne, vitale Partien zeigt, entferne ich zunächst nur den braunen Abschnitt. Ob der gesamte Trieb später entfernt wird, zeigt sich nach einiger Zeit: bleibt er kräftig, kann er zur neuen Struktur beitragen.

3.

Dann tief ins Strauchinnere greifen und alle vollständig braunen Äste an der Basis herausnehmen. Auch Äste, die nur an der Basis braun sind, können entfernt werden – sofern genügend junge grüne Triebe übrig bleiben, die die Form des Strauchs erhalten.

4.

Manche Seitentriebe haben bereits senkrechte, aufrechte Schösslinge gebildet. Entfernen Sie einen Teil, um die Krone zu entlasten und den Wuchs luftiger zu gestalten.

5.

An den Spitzen der Zweige erfolgt ein leichter Pflegeschnitt: Verblühte Reste werden entfernt und die Verzweigung vereinfacht. Wählen Sie an jedem Trieb einen kräftigen, gut platzierten Knospenansatz entlang der Hauptachse aus und schneiden Sie alle darüber liegenden Triebe zurück.

6.

Die Menge der entfernten Äste kann beträchtlich sein – hier wurde mehr als die Hälfte des Strauchs ausgelichtet. Das Ergebnis ist ein wunderbar luftiger, elegant wachsender Strauch, der den ganzen Rest des Jahres über mit seiner Schönheit besticht.

APRIL
SOMMERBLÜHER AM EIN- BIS ZWEIJÄHRIGEN HOLZ

Hortensie

Zwischen denjenigen, die ihre Hortensien jedes Jahr bis zum Boden zurückschneiden, und denen, die sie nie schneiden, gibt es unzählige Erfahrungsvarianten. Der Transparenzschnitt bringt hier Klarheit – er eignet sich für alle Arten und Sorten, unabhängig von Blütezeit oder Winterhärte. Das Ergebnis sind lichte, elegante Sträucher, die schon früh große Blütenstände entwickeln und bis weit in den Spätsommer hinein attraktiv bleiben, da sich an den leicht gebogenen Zweigen immer wieder neue Blüten bilden.

Das Prinzip

Indem hauptsächlich das ein- bis zweijährige Holz erhalten (ausnahmsweise auch dreijähriges) und das Innere des Strauchs stark auslichtet wird, verjüngt sich der Strauch laufend. Gleichzeitig wird die Versorgung jedes einzelnen Triebs verbessert – was sich unmittelbar in der Größe und Qualität der Blütenstände widerspiegelt.

Die wichtigsten Maßnahmen

- Vertrocknete Blütenstände sollten über den Winter am Strauch bleiben.
- Mit dem Schnitt stets bis April warten.
- Die kräftigsten Triebe auswählen, um daraus die schönsten Blüten zu entwickeln.
- Die Schnittintensität der Wuchskraft des Strauchs anpassen.

Hortensie
April

Vorher

Eine sechs bis sieben Jahre alte Hortensie (*Hydrangea macrophylla* 'Bailmer') aus der Endless Summer-Serie hat den Winter über ihre vertrockneten Blütenstände behalten. Im Inneren des Strauchs finden sich einige abgestorbene und überalterte Triebe. Ziel ist es, die natürliche Form zu erhalten und zugleich eine frühe wie auch lang anhaltende Blüte zu fördern.

Nachher

Beim Schnitt wurden etwa zwei Drittel der schönsten, ein- bis zweijährigen Triebe erhalten. Diese wurden jeweils bis auf kräftige Knospen zurückgeschnitten, aus denen sich große Blüten entwickeln können. Das Strauchinnere wurde ausgelichtet, um Platz für den jungen Austrieb des Jahres zu schaffen.

Schwache und alte Triebe entfernen

1.

Dieser Ast ist drei Jahre alt, mehrfach verzweigt und verdichtet das Strauchinnere zu stark. Ein Auslichten allein bringt hier nichts – er sollte ganz entfernt werden. Da er jedoch eine kräftige, Seitenverzweigung an der Basis gebildet hat, bleibt diese erhalten, und der alte Teil wird knapp darüber abgeschnitten.

2.

Dieser Trieb ist praktisch abgestorben: nur eine Knospe an der Spitze, keine Regeneration entlang der Achse, rissige Rinde – ein klarer Fall für den kompletten Rückschnitt. Ich entferne ihn so tief wie möglich, direkt an der Basis auf Bodenhöhe.

Hortensie
April

Überzählige Äste auslichten

1.

Wenn der Strauch immer noch zu dicht ist, entferne ich jetzt alle dünnen Triebe sowie jene, die nicht mit einer kräftigen Endknospe oder einem stabilen Knospenpaar abschließen.

2.

Beim Arbeiten vorsichtig über die Pflanze beugen – sonst können leicht zukünftige Blütenknospen abbrechen. Genau aus diesem Grund sollte man in dieser Phase die alten Blütenstände noch nicht entfernen: Sie dienen als natürlicher Schutz.

3.

Insgesamt werden etwa ein Drittel bis maximal die Hälfte der Triebe herausgenommen – so bleibt die Hortensie luftig, ohne an Kraft zu verlieren.

Verblühte Blütenstände entfernen

1.

Anschließend die verbliebenen Äste einzeln prüfen und die vertrockneten Blütenstände des Vorjahrs entfernen. Dabei von oben nach unten entlang der Achse arbeiten, bis ein kräftiger Knospenansatz gefunden wird. Ist die erste Knospe klein oder deformiert, lieber etwas tiefer schneiden.

2.

Der Schnitt erfolgt direkt oberhalb des ersten kräftigen Knospenpaares. Aus diesen beiden Knospen entwickeln sich starke Triebe, die bereits ab Ende Juni oder Anfang Juli (je nach Sorte) neue, große Blütenstände tragen.

Hortensie
April

Absenkerpflanzen gewinnen

1.

Die Zweige von Hortensien bewurzeln sich leicht, wenn sie den Boden berühren. Es ist wichtig, diese jungen Absenker rechtzeitig vom Mutterstrauch zu trennen – sowohl um neue Pflanzen zu gewinnen als auch um zu verhindern, dass der Strauch an der Basis zu dicht wird.

2.

Den Ableger vorsichtig aus dem Boden heben, ohne die Knospen zu verletzen. Die Wurzeln sind empfindlich. Wenn die Pflanze nicht sofort eingepflanzt werden kann, sollten Sie die Wurzeln zum Schutz vor Austrocknung abdecken – mit Folie, feuchten Blättern oder einem Tuch.

3.

Hält die Erde nicht gut an den wenigen Wurzeln, werden die Triebe über dem ersten Knospenpaar eingekürzt. Danach setzt man die Jungpflanze in ein Pflanzbeet oder einen Topf und hält sie gleichmäßig feucht, bis sie gut eingewurzelt ist.

Neben der Leichtigkeit ihrer Blüte überzeugt ein »in Transparenz« geschnittene Hortensie durch Langlebigkeit und gleichbleibende Blühfreude: Dieser Schnitt erhält das Gleichgewicht der Krone und fördert fortlaufend die natürliche Verjüngung des Gehölzes.

Rispen-Hortensie

Der Schnitt von Rispen-Hortensien folgt im Prinzip denselben Regeln wie beim Hibiskus (*Hibiscus syriacus*): Die Blüte wird an den diesjährigen Trieben gebildet. Allerdings hängt die Größe der Blütenrispen im Sommer stark von der Intensität des Rückschnitts im März ab.

Zwei Schnittarten

1.

Um besonders große Blütenrispen zu erzielen, werden die jungen Triebe des Vorjahrs kräftig zurückgeschnitten. Dadurch treibt die Pflanze mit viel Energie neu aus und bildet wenige, aber sehr große Endrispen.

2.

Ein leichter oder gar kein Rückschnitt führt zu zahlreicheren, jedoch kleineren Blütenrispen. Ein kluger Wechsel aus kurzen und langen Schnitten an einem Strauch kombiniert beide Effekte: Die Blütezeit verlängert sich, da die kleineren Blütenrispen vor den großen erscheinen.

Der Transparenzschnitt bei Hortensien und Rispen-Hortensien dient nicht der Größenbegrenzung, sondern ermöglicht es ihnen, ihre natürliche Wuchsform zu entfalten, die meist zwischen 1,50 m und 2 m Breite liegt; bei besonders kräftigen Sorten auch deutlich mehr. So entwickeln sie sich zu eindrucksvollen Sträuchern für halbschattige Standorte, die den lichten Schatten von Bäumen schätzen. Hier stehen sie in reizvollem Zusammenspiel mit Rindenschmuck-Gehölzen: *Betula jacquemontii* (weiß) und *Prunus serrula* (mahagonifarben), beide ebenfalls transparent geschnitten.

Hibiskus

Wie viele sommerblühende Sträucher wird Hibiskus oft sehr stark zurückgeschnitten, um zahlreiche junge Triebe und damit eine reiche Blüte zu fördern. Das führt jedoch meist zu formlosen, massigen Sträuchern ohne Eleganz. Wendet man den Transparenzschnitt an, bleibt die natürliche Struktur erhalten: Es werden lediglich feine Zweige und sich doppelte Äste entfernt. Das Ergebnis ist verblüffend – der Strauch wirkt leichter, individueller, und die Blüte zieht sich über einen deutlich längeren Zeitraum hin.

Die wichtigsten Maßnahmen

- Nur wenige Äste entfernen.
- Die Hauptäste bleiben in ihrer vollen Länge erhalten. Sie neigen sich später unter dem Blütengewicht und verleihen dem Strauch eine anmutige Form.
- Eine natürliche, lockere Strauchform anstreben, die auch außerhalb der Blütezeit attraktiv wirkt.

Vorher

Februar: Der an der Südostfassade gepflanzte Strauch ist von vielen kleinen Zweigen durchzogen, doch das Linienbild seiner Leitäste bleibt gut erkennbar. Im Winter zeigt das helle Holz des Hibiskus einen schönen Kontrast zu den Schneeglöckchen darunter.

Nachher

Der Rückschnitt ist moderat und bewahrt die Grundstruktur des Strauchs. Durch das Entfernen überzähliger Zweige entsteht Platz für zahlreiche kurze, blühfähige Triebe.

1.

Ich entferne einen der beiden Zweige, da sie in dieselbe Richtung wachsen und um denselben Raum konkurrieren.

2.

Anschließend wird etwa die Hälfte der feinen Zweige direkt am Ansatz herausgeschnitten – so können neue, kräftige Triebe nachwachsen.

Juli: Die Blüte verteilt sich gleichmäßig über den gesamten Strauch. Sie beginnt früh an den ungeschnittenen Triebspitzen und hält bis Mitte September an, wenn die neuen Knospen an den Seitentriebe nach und nach blühen.

Berberitze

Berberitzen werden meist zu Kugeln oder Hecken geschnitten – dabei erwartet man von ihnen kaum Eleganz. Doch sie können ausgesprochen zierend wirken, wie dieses Beispiel zeigt, das unweit des kleinen Fächer-Ahorns auf Seite 34 entstanden ist. Besonders Sorten mit farbigem Laub profitieren sehr vom Transparenzschnitt: Er verleiht ihnen Charakter und regt die Bildung neuer, noch intensiver gefärbter Triebe an.

Die wichtigsten Maßnahmen

- Gute, dornenfeste Handschuhe und ggf. eine Schutzbrille sind unerlässlich.
- Nur an Pflanzen arbeiten, die noch nie in Kugelform geschnitten wurden.
- Nicht während Trockenperioden oder bei starker Sonneneinstrahlung auslichten – sonst kann ein Teil des Laubs verbrennen oder vertrocknen.

Vorher

Diese Gold-Berberitze (*Berberis thunbergii* 'Aurea') zeigt im Frühling ein sehr leuchtendes Laub, das im weiteren Jahresverlauf jedoch etwas an Strahlkraft verliert. Ihr natürlicher Wuchs ist kompakt, aber in diesem Fall nicht zu dicht – ideal für eine Auslichtung.

Nachher

Durch das freigelegte Innere hat der Strauch eine elegante Form bekommen. Die Blüte, die einige Zeit nach dem Schnitt entlang der waagerechten Triebe einsetzen wird, kommt so besonders gut zur Geltung. Einige kräftige Äste wurden entfernt, was die Bildung neuer Triebe anregt.

Berberitze
April

Nach und nach auslichten

1.

Ich beginne an der Rückseite des Strauchs – dort lässt sich etwas leichter ins Innere vordringen, ohne gleich Bekanntschaft mit den scharfen Dornen zu machen. Einige kleinere Zweige werden entfernt, um die Hauptäste freizulegen.

2.

Ein starker, überlagernder Hauptast verdeckt den unteren Bereich des Strauchs. Ich entscheide mich, ihn vollständig zu entfernen, um die Basis des Buschs auf einen Schlag freizustellen.

4.

Anschließend arbeite ich mich rund um den Strauch weiter, entferne im unteren Bereich störende und auf dem Boden aufliegende Zweige und schaffe so mehr Raum im Inneren.

3.

Anschließend konzentriere ich mich auf die Äste, die quer durch die Krone verlaufen. Dabei ist Vorsicht geboten: Nicht alle dieser »Quertriebe« sollten entfernt werden, denn sie sind typisch für Berberitzen. Einige davon bleiben stehen, um den natürlichen Habitus zu erhalten.

5.

Auf der gegenüberliegenden Seite wird weiter ausgelichtet. Das Schwierigste an der Berberitze ist die dichte Verflechtung ihrer Äste – sie verhaken sich durch die Dornen ineinander, sodass Geduld gefragt ist.

6.

Fast geschafft: Nur noch ein paar kleine Zweige an der Oberseite, und der Strauch ist wie verwandelt. Innerhalb weniger Wochen treiben die nun freigelegten Zweigpartien mit leuchtend gefärbtem Laub neu aus, und verleihen dem Strauch frische Strahlkraft.

APRIL

FRÜHJAHRSBLÜHENDER STRAUCH, BLÜTE AM MEHRJÄHRIGEN HOLZ

Azalee

Laubabwerfende Azaleen werden nur selten geschnitten – dabei verbessert ein gezielter Pflegeschnitt die Blütenqualität deutlich und verlängert die Lebensdauer der Pflanze. Der Schnitt erfolgt unmittelbar nach der Blüte, je nach Sorte im April oder Mai. Es gibt zwei Vorgehensweisen: In vielen Fällen reicht ein leichtes Ausputzen mit einem sanften Auslichtungsschnitt, in anderen Fällen sollte dabei auch ein Teil des Strauchs verjüngt werden. Nach demselben Prinzip können auch andere Sträucher geschnitten werden, die ihr Holz nur langsam erneuern, etwa duftende Schneebälle (*Viburnum*).

Das Prinzip

Der Pflegeschnitt umfasst das Entfernen verblühter Blütenstände und dünner, schwacher Zweige, damit der Strauch seine Energie auf neue, vitale Triebe konzentrieren kann. Ein stärkerer Rückschnitt dient dazu, ältere Äste zu erneuern und den Strauch dauerhaft jung und blühfreudig zu erhalten.

Die wichtigsten Maßnahmen

- Unmittelbar nach der Blüte schneiden.
- Sorgfältig arbeiten, um Knospen und junge Triebe nicht zu beschädigen.
- Auch bei wertvollen, langsam wachsenden Exemplaren keine Scheu vor kräftigen Schnitten – sie fördern die Regeneration und sichern die Vitalität.

Azalee
April

Azalee im Wandel

Vorher

Nachdem die verblühten Blüten entfernt wurden, wirkt diese ausladende Azalee sehr dominant und verdeckt die dahinterliegenden Pflanzen. Ihre Struktur besteht überwiegend aus älteren, kräftigen Ästen, während einige junge Triebe vom Boden her nur schwach wachsen – vor allem wegen Lichtmangels.

Nachher

Hier wurde ein gezielter, kräftiger Verjüngungsschnitt vorgenommen: Alle alten Äste auf einer Seite des Strauchs wurden entfernt, da sie für den Aufbau keine Bedeutung mehr hatten. Dadurch wurde eine dahinter stehende Lavendelheide (*Pieris*) freigestellt, der nun besser zur Geltung kommt. Der Teil des Strauchs entlang des Wegs blieb ungeschnitten, damit die Blüte im Folgejahr nicht vermindert wird. Sobald die jungen Triebe kräftig genug sind und Blüten ansetzen, wird auch dieser Abschnitt nach demselben Prinzip verjüngt.

Azalee
April

Ausputzen

1.

Am Ende der Blüte hängen die Blüten welk herab. Sie werden entfernt, damit die Pflanze wieder gepflegt aussieht und die Nährstoffe in die neuen Triebe fließen statt in die Samenbildung.

2.

Ein häufiger Fall: Zwei Blütenbüschel sitzen auf kurzen, unbelaubten Zweigspitzen. Schneiden Sie diese verblühten Zweige bis zur Basis des ersten belaubten Triebs zurück.

3.

Schwache Triebe mit kleinen Blattknospen bringen keine neuen Blüten hervor. Sie werden oberhalb der ersten kräftigen Knospe entfernt.

4.

Kräftige, gut belaubte Triebe bleiben stehen – sie bilden im kommenden Jahr die neuen Blüten.

5.

Entfernen Sie die verwelkten Blütenstände vorsichtig mit den Fingern. Achten Sie dabei darauf, die jungen Seitentriebe nicht zu verletzen.

6.

Beginnen Sie mit dem Ausputzen am besten von unten ...

7.

... und arbeiten sich nach oben vor. So verhindern Sie, dass die abgeknipsten Blüten auf den unteren Zweigen liegen bleiben.

8.

Die Azalee ist nun vollständig ausgeputzt und kann über den Sommer hinweg die Blütenknospen für das nächste Jahr bilden.

Azalee
April

Ein notwendiger Verjüngungsschnitt

1.

Vor dem Eingriff:
Eine große Azalee, die sich aus mehreren Einzelpflanzen zusammensetzt.

2.

Beginnen Sie mit dem Rückschnitt der älteren, kräftigen Äste im hinteren Bereich des Strauchs.

3.

Arbeiten dabei in zwei Schritten: Zuerst entfernen Sie die oberen Partien, damit die Blattmasse nicht auf die jungen Triebe fällt. Danach schneiden Sie die unteren, alten Äste bodennah heraus.

4.

Achten Sie darauf, diese dicken Äste behutsam zu entfernen, ohne die bereits entwickelten Jungtriebe zu verletzen.

5.

Der hintere Teil des Strauchs ist nun vollständig verjüngt. In diesem Fall konnten die vorhandenen jungen Triebe gut weiterwachsen. Falls solche fehlen, lassen Sie einige größere Äste stehen, bis neue Triebe nachgewachsen sind.

Japanische Azalee

Diese immergrünen Sträucher wachsen langsam und brauchen in der Regel keinen regelmäßigen Schnitt. Werden sie jedoch zu ausladend, ist es schwierig, sie einzukürzen, ohne die natürliche Form zu zerstören. Die folgende Methode ist zwar radikal, führt aber rasch wieder zu einem schön blühenden, kompakten Strauch.

Die wichtigsten Maßnahmen

- Hauptäste erkennen und prüfen, ob sich an der Basis bereits junge Triebe zeigen.
- In einer Pflanzgruppe nur einige Exemplare bearbeiten, nicht alle gleichzeitig.
- Direkt nach der Blüte schneiden, damit der Strauch die ganze Vegetationsperiode Zeit für den Neuaustrieb hat – so ist im nächsten Frühjahr wieder mit Blüten zu rechnen.

1.

Diese Japanische Azalee besteht aus einer Gruppe von fünf Exemplaren im Beetvordergrund. Sie wächst stark nach vorne und versperrt inzwischen den Weg. Zudem wirkt die gesamte Gruppe bereits sehr dicht und wuchtig.

2.

Zunächst entferne ich einige kleinere Äste im Inneren, um den Strauch etwas durchlässiger zu machen. Doch bald wird klar, dass das nicht ausreicht, um genügend Platz zu schaffen.

3.

Also schneide ich einige der tragenden, starken Äste an ihrer Basis heraus.

4.

Die Schnitte erfolgen etwa 5–6 cm über dem Boden, damit aus den verbliebenen Ansätzen neue Triebe entstehen können.

5.

Ein Jahr später, zur nächsten Blütezeit: Die jungen Triebe, die seit dem Schnitt gewachsen sind, tragen bereits einzelne Blüten. Im folgenden Sommer bilden sie einen neuen, kompakteren Strauch, der weniger Raum beansprucht.

MAI BIS JUNI
IMMERGRÜNER BLÜTEN- ODER BLATTSCHMUCKSTRAUCH

Rhododendron

So beeindruckend Rhododendron zur Blütezeit sind, so wuchtig und schwer wirken sie außerhalb dieser kurzen Phase. Mit ihrem dichten, dunklen Laub erinnern sie an Lorbeer-Kirschen, Stein-Eichen oder immergrüne Magnolien. Durch einen gezielten Transparenzschnitt werden sie zu ganzjährig attraktiven Blickfängen.

Das Prinzip

Die Schnitttechnik ähnelt dem Ausputzen von Azaleen, jedoch erfolgt das Freilegen der Struktur behutsamer und schrittweise. Der Schnitt sollte bald nach der Blüte erfolgen, allerdings ohne zu stark einzugreifen, damit der Strauch seine harmonische Verzweigung behält.

Die wichtigsten Maßnahmen

- Verblühte Blütenstände möglichst bald entfernen.
- Blätter von klebrigen Blütenresten sorgfältig säubern.
- Totes Holz konsequent herausschneiden.
- Schwache, blütenlose Zweige ohne Zukunft komplett entnehmen.

Rhododendron
Mai bis Juni

Die wichtigsten Schritte

2.

Der gesamte Blütenstand wird wischen Daumen und Zeigefinger gefasst, damit die darunterliegende Knospe frei liegt. Brechen Sie den Blütenstiel mit einem kurzen Ruck ab, ohne die Knospe oder den jungen Trieb zu verletzen. Ist die Basis zu kräftig, greife zur Schere.

1.

Sobald die Blüten verwelkt sind, beginnen die darunterliegenden Knospen auszutreiben. Der Neuaustrieb erfolgt innerhalb von zwei bis drei Wochen – daher sollten Sie zügig handeln.

3.

Entfernen Sie sorgfältig alle Blütenreste, die an den Blättern kleben. Bei feuchtem Wetter könnten sie sonst Fäulnisstellen verursachen und schwarze Flecken auf dem Laub hinterlassen.

Bei älteren Rhododendron sind Schnitt und Auslichten aufwendiger, doch dabei kommen oft erstaunliche Strukturen zum Vorschein, die je nach Art sehr unterschiedlich sind. Viele Arten besitzen Stämme und Rinden von beeindruckender Schönheit. Hier wurden einige Exemplare von Rhododendron 'Cynthia' an der Basis freigestellt (aufgeastet). Zu ihren Füßen wachsen mehrere Rhododendron-Hybriden, die vor drei Jahren auf den Stock gesetzt wurden, um sie zu verjüngen – sie haben bisher noch nicht wieder geblüht.

Die eindrucksvolle Struktur dieses Rhododendron findet sich auch bei vielen anderen immergrünen Gehölzen – etwa bei Lorbeer-Kirschen, Stein-Eichen (*Quercus ilex*), *Magnolia grandiflora*, aber auch bei Ölweiden (*Elaeagnus × ebbingei*) oder manchen Schneeballarten (*Viburnum rhytidophyllum, V. pragense*). Bevor Sie solche Pflanzen entfernen, probieren Sie lieber einen Transparenzschnitt: Sie schenken ihnen damit ein zweites Leben – und verwandeln sie in lebende Kunstwerke.

Aukube

Die verborgene Eleganz eines so unscheinbaren und oft verkannten Strauchs wie der Aukube sichtbar zu machen, ist eine lohnende Aufgabe. Mit wenigen gezielten Schnitten lässt sich daraus ein stilvoller, edler Strauch formen – ideal, um schattige Gartenbereiche aufzuwerten.

Die wichtigsten Maßnahmen

- Die Strauchbasis freistellen, damit er leichter wirkt.
- Verzweigungen auslichten, die das Innere des Strauchs überladen.
- Einen Teil der Schösslinge entfernen, die vom Boden her austreiben.
- Natürliche Absenker entfernen, die das Innere verdichten.

Vorher

Diese Aukube wurde bereits durch Wildverbiss »vorgelichtet« – ein Reh hat im Winter sämtliche Blätter und jungen Triebe im unteren Bereich abgefressen. Eine gute Gelegenheit, die Arbeit gezielt zu Ende zu führen! Die Krone ist, typisch für diese Art, sehr dicht, auch wenn der Strauch nie kugelförmig geschnitten wurde.

Nachher

Nach dem Schnitt wirkt der Strauch deutlich leichter und im Gegenlicht fast durchsichtig. Im Laufe der Vegetationszeit wird er sich zwar wieder etwas schließen, doch die verbliebenen Triebe wachsen eher locker nach außen und öffnen den Habitus, statt das Innere zu verdichten.

1.

Aukuben treiben natürlicherweise in Verzweigungen aus, von manche Triebe nach innen wachsen. Entfernen Sie möglichst viele dieser nach innen gerichteten Äste, die durch Reibung Wunden verursachen können.

2.

Mehrere kräftige Schösslinge wachsen senkrecht aus der Basis. Lassen Sie ein bis zwei davon stehen, um später die Hauptäste zu erneuern, und schneiden Sie die übrigen bodennah heraus.

3.

Entfernen Sie anschließend kleinere Zweige – sowohl die vom Reh angefressenen als auch jene, die die dichten Blattbüschel an den Zweigspitzen überfüllen. Von den meist fünf oder sechs Seitenzweigen pro Endtrieb reichen zwei bis drei aus, die stehenbleiben.

4.

Zum Schluss entferne ich die Ausläufer und Absenker, die sich überall dort gebildet haben, wo Zweige den Boden berührt haben. Wenn man sie lässt, bilden sie undurchdringliche Dickichte. Die abgetrennten Jungpflanzen können an anderer Stelle wieder eingepflanzt werden.

Rote Glanzmispeln (*Photinia × fraseri* 'Red Select') und viele andere immergrüne Sträucher mit großen Blattern – etwa Lorbeer-Kirschen – profitieren von derselben Art des Auslichtens wie Aukuben. Wenn man die Strauchbasis und die Krone auflockert, wirken sie deutlich eleganter, und die Farben es Laubs harmonieren mit den Nachbarpflanzen, und bilden keine schweren, dichten Massen.

MAI BIS JUNI
STRAUCH ODER KLEINER BAUM MIT SPÄTER BLÜTE

Flieder

Altere Fliederbüsche blühen meist am üppigsten – vor allem, wenn regelmäßig Zweige für Sträuße geschnitten werden. Dies ist zugleich der beste Schnitt, denn er fördert die kontinuierliche Verjüngung. Dennoch sollte man gelegentlich einen der älteren Hauptäste oder Stämme vollständig entfernen, damit der Strauch von der Basis her neu austreibt und wüchsig bleibt. Auch das Entfernen verblühter Dolden unterstützt eine reichere Blüte im folgenden Jahr.

Das Prinzip

Da Flieder einen Radikalschnitt schlecht verträgt, hält man ihn besser durch regelmäßige Verjüngung vital: Alle drei bis vier Jahre wird ein Leitast herausgenommen. Zusätzlich wählt man jedes Jahr einige kräftige Triebe aus, die das beste Potenzial für große Blütenstände haben.

Die wichtigsten Maßnahmen

- Den Hauptast bestimmen, der als Nächstes entfernt werden sollte.
- Prüfen, ob die jungen Bodentriebe von der gewünschten Sorte stammen und nicht aus der Wurzelstock oder der Unterlage entsprießen.
- Zwischen blühfähigen und unfruchtbaren Trieben unterscheiden zu können.

Flieder
Mai bis Juni

Vorher

Der Flieder hat seine Blüte gerade beendet. Sie war so üppig, dass sich im Lauf der Jahre ein Ast weit von der ursprünglichen Basis gesenkt hat und nun zu weit in den Weg hineinragt.

Nachher

Der abstehende Ast wurde entfernt, sodass die jungen Bodentriebe nun frei stehen. Der restliche Strauch wurde so ausgelichtet, dass nur die kräftigsten Äste erhalten wurden.

Flieder
Mai bis Juni

Starke Äste entfernen

1.

So sieht der betroffene Ast aus: Er öffnet den Strauch stark und ragt in den Weg, sodass er den Durchgang behindert.

2.

Eine Motorsäge ist nicht zwingend nötig, spart aber Zeit. Wie beim Handsägen entferne ich zuerst die äußere Astpartie, um die Schnittstelle zu entlasten.

3.

Den Bereich um die Astbasis sorgfältig freiräumen – Blätter, Zweige und vor allem Steine beiseiteschaffen.

4.

Anschließend as verbleibende Aststück wenige Zentimeter über dem Boden abschneiden. Die Motorsäge dabei möglichst waagerecht führen, damit die Kette nicht in die Erde gerät.

Geeignete Äste auswählen

1.

Links ein kräftiger Ast, der eine reiche Blüte garantiert; rechts ein schwacher, der nur wenige oder gar keine Blüten tragen wird.

2.

An den Ästen entferne ich alle verwelkten Blütenstände. Haben die blütentragenden Zweige keine Blätter, schneide ich sie bis zum nächsten belaubten Trieb zurück.

3.

Anschließend werden nach und nach alle feinen Triebe herausgenommen, nur die stärkeren bleiben stehen. Dabei achte ich immer auf eine harmonische Form und die natürliche Aststruktur.

4.

Nach dem Auslichten bleiben im Hintergrund ältere Partien erhalten, während die jungen Triebe im Vordergrund für den künftigen Aufbau sorgen. Der direkt nach der Blüte ausgeführte Schnitt lenkt die gesamte Kraft der Pflanze in die Bildung kräftiger neuer Triebe.

Mahonie

Mahonien (*Berberis* Syn. *Mahonia × media* und *B. japonica*) brauchen kaum Schnitt. Doch mit den Jahren werden sie oft zu hoch oder wachsen unregelmäßig. Dann kann man sie auf den Stock setzen oder zu lange Äste einkürzen, damit sie wieder dichter werden. Dies ist ein typisches Beispiel für eine einfache Verjüngung, die sich auch auf viele andere Sträucher anwenden lässt.

Die wichtigsten Maßnahmen

- Ideal ist es, wenn bereits junge Triebe an der Basis oder entlang der Hauptäste vorhanden sind.
- Der Schnitt sollte sehr früh im Frühjahr erfolgen, damit der Strauch den Sommer über genügend Zeit zum Neuaustrieb hat.
- Ein Rückschnitt bis zum Boden ist nur bei nicht veredelten Pflanzen unbedenklich.

Vorher

Diese Mahonie ist zu »durchsichtig« geworden – sie hat sich durch Lichtmangel stark gestreckt, und ihre langen Äste tragen nur noch wenige Blätter und Blüten. Es ist Zeit für eine Verjüngung.

Nachher

Das Entfernen der beiden längsten älteren Äste ermöglicht den jungen Trieben, sich gut zu entwickeln und schon im kommenden Herbst einen neuen, blühfähigen Strauch zu bilden.

1.

Schneiden Sie die höchsten Äste wenige Zentimeter über dem Boden ab. Achten Sie dabei darauf, die jungen Triebe in ihrer Nähe nicht zu verletzen.

3.

Bei älteren Exemplaren wachsen die Äste oft waagerecht – das kann sehr dekorativ wirken. Wenn sie jedoch zu ausladend werden, kürze ich sie bis zu einem tiefer liegenden Blattbüschel ein.

4.

Bereits im folgenden Herbst blüht die Mahonie an den Triebspitzen der jungen Zweige, die sich den Sommer über entwickelt haben.

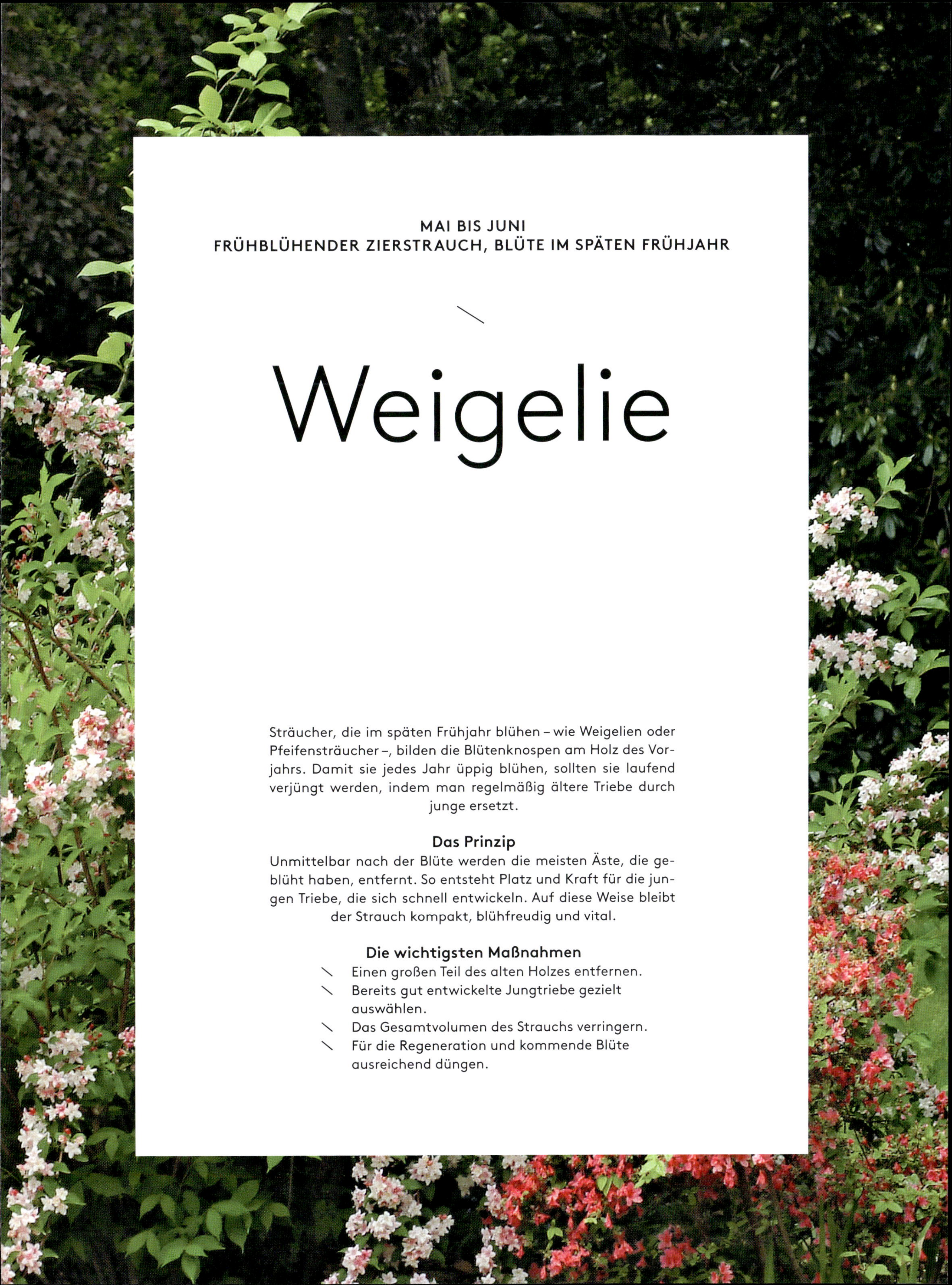

MAI BIS JUNI
FRÜHBLÜHENDER ZIERSTRAUCH, BLÜTE IM SPÄTEN FRÜHJAHR

Weigelie

Sträucher, die im späten Frühjahr blühen – wie Weigelien oder Pfeifensträucher –, bilden die Blütenknospen am Holz des Vorjahrs. Damit sie jedes Jahr üppig blühen, sollten sie laufend verjüngt werden, indem man regelmäßig ältere Triebe durch junge ersetzt.

Das Prinzip

Unmittelbar nach der Blüte werden die meisten Äste, die geblüht haben, entfernt. So entsteht Platz und Kraft für die jungen Triebe, die sich schnell entwickeln. Auf diese Weise bleibt der Strauch kompakt, blühfreudig und vital.

Die wichtigsten Maßnahmen

- Einen großen Teil des alten Holzes entfernen.
- Bereits gut entwickelte Jungtriebe gezielt auswählen.
- Das Gesamtvolumen des Strauchs verringern.
- Für die Regeneration und kommende Blüte ausreichend düngen.

Weigelie

Mai bis Juni

Weigelie im Wandel

Vorher

Die Blüte endet in der zweiten Maihälfte oder Anfang Juni. Die verblühten Zweige tragen dann noch die welken Blütenstände. Zahlreiche junge Triebe sprießen entweder aus dem Wurzelbereich oder aus den unteren Bereichen von älteren Ästen.

Nachher

Wir haben uns hier für einen sehr kräftigen Rückschnitt entschieden, um den Strauch und seine Blütentriebe vollständig zu verjüngen. Wird er jedes Jahr so behandelt, bleibt er unter 1,60 m hoch – gerade so, dass man die dahinterstehenden Pflanzen noch sehen kann – und die Blüte bleibt Jahr für Jahr beeindruckend üppig.

Das Alter der Triebe erkennen

1.

Rechts ist ein junger Bodentrieb zu sehen, der direkt aus der Strauchbasis austreibt; links ein vorjähriger Ast, der an der Spitze geblüht hat und dort nun neue Triebe an der Basis der älteren Partien bildet.

2.

Wenn ältere Äste erhalten werden sollen, werden sie entlastet, indem die ältesten, abgeblühten Partien entfernt werden. Jeder dieser Äste wird bis zur Basis eines jungen, kräftigen Seitentriebs zurückgeschnitten.

3.

Übrig bleibt ein Büschel junger Triebe, das anfangs durchaus etwas steif wirkt, sich aber im Laufe des Sommers durch das Längenwachstum der Zweige lockert.

Weigelie
Mai bis Juni

Optimaler Abstand

1.

Am Fuß des Strauchs lassen sich deutlich die älteren, kräftig verzweigten Äste von den jungen, noch grünen und weichen Trieben unterscheiden.

2.

Da ich hier eine vollständige Verjüngung anstrebe, entferne ich die ältesten Äste direkt an der Basis und belasse zunächst alle jungen Triebe.

3.

Diese Arbeit setze ich bei den beiden Sträuchern fort, die zusammen dieses kleine Gehölz bilden. Rechts wurde bereits das gesamte alte Holz entfernt.

4.

Zum Schluss folgt eine Auswahl unter den jungen Trieben: Ich behalte nur die kräftigsten, gut aufrecht oder leicht nach außen wachsenden Triebe.

5.

Die Menge des entfernten Materials ist beachtlich und überrascht jedes Mal – diesmal habe ich etwa zwei Drittel der Äste und Triebe herausgenommen.

6.

Das Ergebnis ist ebenso überraschend: Es bleibt nur ein kleines Büschel junger Triebe zurück. Eine so starke Verjüngung muss nicht jedes Jahr erfolgen – wenn es die Umgebung erlaubt, kann man auch ältere Strukturen und größere Sträucher bestehen lassen.

Weigelie
Mai bis Juni

Die Nährstoffversorgung

1.

Um den kräftigen Neuaustrieb für das kommende Jahr zu fördern, wird zunächst die Mulchschicht aus abgestorbenen Blättern von der Bodenoberfläche entfernt.

2.

Mit einer Handkralle wird der verdichtete Boden vorsichtig gelockert, um die Durchlüftung zu verbessern. Dabei achte ich darauf, die oberflächennahen Wurzeln nicht zu beschädigen.

3.

Einige Schaufeln gut verrotteter Mist oder reifer Kompost werden oberflächlich leicht eingearbeitet. Die organische Substanz aktiviert das Bodenleben und verbessert die Wasserspeicherung.

4.

Gründliches Wässern – etwa zwei Gießkannen pro Strauch – schwemmt die Nährstoffe in die Wurzelzone und durchfeuchtet den Humus, der als Feuchtigkeitsspeicher dient.

5.

Anschließend wird auf dem feuchten Kompost oder Mist eine neue Mulchschicht ausgebracht. Sie schützt vor Austrocknung; die sich zersetzenden Blätter beleben langfristig den Boden.

6.

Die Sträucher sind nun geschnitten und versorgt. In den kommenden Wochen zeigt sich kräftiger Neuaustrieb; bis zum Spätsommer erreichen die Triebe ihre endgültige Länge – gelegentlich erscheinen im September noch einzelne Nachblüten.

Das Vielblütige Doppelschild (*Dipelta floribunda*) ist mit Weigelien und der Kolkwitzien verwandt. Es blüht im Frühjahr an den Trieben des Vorjahrs, die sich unter dem Gewicht der Blüten anmutig nach unten neigen. Da er jedoch deutlich schwächer wächst als die beiden anderen Arten und nur wenige Bodentriebe bildet, wird er lediglich leicht zurückgeschnitten – ähnlich wie bei Deutzien auf den folgenden Seiten. Der Schnitt beschränkt sich auf das Entfernen abgeblühter Partien und das Auslichten zu dichter Bereiche.

Deutzie

Deutzien lassen sich ebenso kräftig zurückschneiden wie Weigelien (siehe vorherige Seiten). Wachsen sie jedoch unter Bäumen, sollte die Grundstruktur erhalten bleiben: Ein bodennaher Rückschnitt fördert dann die Bildung unerwünschter Ausläufer. So lässt sich das blühfähige Holz erneuern, ohne die Form zu verlieren. Auch Weigelien und Pfeifensträucher (*Philadelphus*) können so geschnitten werden, wenn ein höheres Gerüst erhalten oder bei attraktivem Laub der Habitus betont werden soll.

Die wichtigsten Maßnahmen

- Leittriebe bestimmen, die erhalten bleiben sollen.
- Äste entfernen, die sich kreuzen oder ins Strauchinnere wachsen.
- Möglichst viele blütentragende Zweige erneuern, dabei Form und Wuchsbild erhalten.

1.

Junge, grüne und weiche Triebe lassen sich leicht von den älteren, bräunlichen zweijährigen und grauen, über drei Jahre alten Ästen unterscheiden.

2.

Nach der Blüte erkennt man gut die verblühten Bereiche und die jungen Triebe, die häufig an der Basis dieser Äste erscheinen.

3.

Ich entferne die alten, abgeblühten Partien bis an die Basis der jungen Triebe. Gelegentlich kann auch ein ganzer älterer Ast herausgenommen werden, wenn sich in seiner Nähe bereits ein kräftiger junger Ersatztrieb gebildet hat.

4.

Achten Sie darauf, die höheren Äste im hinteren Bereich zu belassen und im Vordergrund tiefer zu schneiden – so entsteht ein gleichmäßig über die gesamte Höhe blühender Strauch, wie der links im Bild.

Buchs

Buchsbaum gilt als typischer Formgehölz-Strauch, der meist von außen in Kugel- oder Figurenform geschnitten wird. Wird er jedoch von innen ausgelichtet, zeigt er sich völlig anders – leicht, transparent und von großer Eleganz. Diese Schnittweise beugt zudem Krankheiten und Schädlingen wie dem Zünsler vor, die besonders in streng geschnittenen Buchshecken und Topiarien auftreten und durch wiederholte Schnitte begünstigt werden.

Die wichtigsten Maßnahmen

- Der Umfang des Buchsbaums wird kaum, allenfalls leicht reduziert.
- Das Innere wird von abgestorbenen Zweigen und Blättern befreit.
- Größere Äste werden nach Möglichkeit nicht entfernt, damit sich der Strauch allmählich zu einem vollwertigen Gehölz entwickelt.

Vorher

Ein Buchsbaum, der nie zur Kugel geschnitten wurde, wirkt zunächst unregelmäßig – stellenweise dicht, anderswo licht.

Nachher

Dieser Buchs ist nach dem Auslichten federleicht geworden, fast wie eine kleine Wolke. Kaum jemand erkennt darin noch einen klassischen Buchs!

Die Form korrigieren und auslichten

1.

Offensichtlich sind manche Äste zu lang und ragen in den Weg. Ich kürze sie ein, indem ich einen Teil des Astes an der Basis eines seitlich abgehenden Triebs entferne. So bleibt die natürliche Wuchsform des Astes erhalten.

2.

Ich wiederhole den Vorgang rechts am Strauch, um das Volumen im Verhältnis zum Stamm und zur Länge der linksseitigen Äste auszugleichen.

3.

Im Strauchinneren lokalisiere ich sich kreuzende Äste und entferne einen davon – hier den ungünstig allein platzierten (während der daneben liegende mit einem Leitast korrespondiert und für die Gesamtform wichtiger ist).

4.

Abschließend werden alle kleinen toten oder abgebrochenen Ästchen entfernt. Oft brechen sie von selbst ab, was die Arbeit beim Ausputzen sehr beschleunigt.

»Schneiden können viele –
das Handwerk beherrschen nur wenige.«

Jean-Baptiste de La Quintinie

DANKSAGUNG

Mein herzlicher Dank gilt Prinzessin Greta Sturdza, die mir die Möglichkeit gegeben hat, meine Leidenschaft für den Gehölzschnitt auszuleben und zugleich ihre Methoden weiterzuentwickeln und in Vasterival fortzuführen. Und auch die vielen anderen Menschen, die zu meiner Ausbildung und zur Entwicklung meiner beruflichen Laufbahn beigetragen haben, mögen sich in diesem Dank angesprochen fühlen.

BILDNACHWEIS

Didier Willery:
11 links, 88, 89, 93, 141 rechts, 142 beide, 143 alle

Franck Boucourt:
alle übrigen

Register

IMPRESSUM

PLANTVS
©2026 Plantvs GmbH
Königstraße 10 b
70173 Stuttgart
www.plantvs.de
ISBN 978-3-912078-04-6
1. Auflage 2026

Die Originalausgabe erschien 2011 unter dem Titel
»La taille de transparence«
bei Les Editions Eugen Ulmer, Paris, Frankreich

Bibliografische Information der Deutschen Nationalbibliothek
Die Deutsche Nationalbibliothek verzeichnet diese Publikation in der Deutschen Nationalbibliografie; detaillierte bibliografische Daten sind im Internet über dnb.dnb.de abrufbar.

Viel Freude mit diesem Buch wünschen:
Projektleitung & Verlag: Dr. Folko Kullmann & Peter Janke
Übersetzung aus dem Französischen: Kristijan Matic
Lektorat: Dr. Folko Kullmann
Grundlayout: Sandra Gramisci
Gestaltung & Satz: Kristijan Matic
Herstellung: Kristijan Matic
Umschlaggestaltung: Sandra Gramisci
Druck & Bindung: Longo AG, Bozen

www.instagram.com/plantvs.verlag